"十三五"国家重点图书出版规划项目

中国特色畜禽遗传资源保护与利用丛书

乌 苏 里 貉

徐 超 主编

中国农业出版社

北 京

图书在版编目（CIP）数据

乌苏里貉 / 徐超主编 . —北京：中国农业出版社，
2020.1
（中国特色畜禽遗传资源保护与利用丛书）
国家出版基金项目
ISBN 978 - 7 - 109 - 26561 - 5

Ⅰ.①乌… Ⅱ.①徐… Ⅲ.①貉－饲养管理 Ⅳ.
①S865.2

中国版本图书馆 CIP 数据核字（2020）第 025352 号

内容提要：乌苏里貉是中国农业科学院特产研究所驯化、家养、培育、改良的珍贵大毛细皮类毛皮动物地方品种。经过多年发展，我国已成为世界上最大的貉养殖、加工、消费国。本书从我国乌苏里貉的品种起源与形成、品种特征和性能、品种保护、品种繁育、营养需要与常用饲料、饲养管理与疾病防控、养殖场建设与环境控制、开发利用等方面进行讲解，可为保护利用我国貉资源提供参考。本书不仅适用于一线养殖技术人员，也适合于研究人员、农业院校的师生阅读参考。

中国农业出版社出版

地址：北京市朝阳区麦子店街 18 号楼
邮编：100125
责任编辑：周锦玉 文字编辑：陈睿赜
版式设计：杨 婧 责任校对：赵 硕
印刷：北京通州皇家印刷厂
版次：2020 年 1 月第 1 版
印次：2020 年 1 月北京第 1 次印刷
发行：新华书店北京发行所
开本：720mm×960mm 1/16
印张：9.75
字数：166 千字
定价：68.00 元

丛书编委会

本书编写人员

主　编　徐　超

副主编　赵伟刚　王凯英　王晓旭　宋兴超

编　者　徐　超　赵伟刚　王凯英　王晓旭　宋兴超
　　　　赵家平　韩志强　郭跃跃

　　我国是世界上畜禽遗传资源最为丰富的国家之一。多样化的地理生态环境、长期的自然选择和人工选育，造就了众多体型外貌各异、经济性状各具特色的畜禽遗传资源。入选《中国畜禽遗传资源志》的地方畜禽品种达 500 多个、自主培育品种达 100 多个，保护、利用好我国畜禽遗传资源是一项宏伟的事业。

　　国以农为本，农以种为先。习近平总书记高度重视种业的安全与发展问题，曾在多个场合反复强调，"要下决心把民族种业搞上去，抓紧培育具有自主知识产权的优良品种，从源头上保障国家粮食安全"。近年来，我国畜禽遗传资源保护与利用工作加快推进，成效斐然：完成了新中国成立以来第二次全国畜禽遗传资源调查；颁布实施了《中华人民共和国畜牧法》及配套规章；发布了国家级、省级畜禽遗传资源保护名录；资源保护条件能力建设不断提升，支持建设了一大批保种场、保护区和基因库；种质创制推陈出新，培育出一批生产性能优越、市场广泛认可的畜禽新品种和配套系，取得了显著的经济效益和社会效益，为畜牧业发展和农牧民脱贫增收作出了重要贡献。然而，目前我国系统、全面地介绍单一地方畜禽遗传资源的出版物极少，这与我国作为世界畜禽遗传资源大

1

国的地位极不相称，不利于优良地方畜禽遗传资源的合理保护和科学开发利用，也不利于加快推进现代畜禽种业建设。

为普及对畜禽遗传资源保护与开发利用的技术指导，助力做大做强优势特色畜牧产业，抢占种质科技的战略制高点，在农业农村部种业管理司领导下，由全国畜牧总站策划、中国农业出版社出版了这套"中国特色畜禽遗传资源保护与利用丛书"。该丛书立足于全国畜禽遗传资源保护与利用工作的宏观布局，组织以国家畜禽遗传资源委员会专家、各地方畜禽品种保护与利用从业专家为主体的作者队伍，以每个畜禽品种作为独立分册，收集汇编了各品种在管、产、学、研、用等相关行业中积累形成的数据和资料，集中展现了畜禽遗传资源领域最新的科技知识、实践经验、技术进展与成果。该丛书覆盖面广、内容丰富、权威性高、实用性强，既可为加强畜禽遗传资源保护、促进资源开发利用、制定产业发展相关规划等提供科学依据，也可作为广大畜牧从业者、科研教学工作者的作业指导书和参考工具书，学术与实用价值兼备。

丛书编委会

2019 年 12 月

序言

　　我国是世界畜禽遗传资源大国，具有数量众多、各具特色的畜禽遗传资源。这些丰富的畜禽遗传资源是畜禽育种事业和畜牧业持续健康发展的物质基础，是国家食物安全和经济产业安全的重要保障。

　　随着经济社会的发展，人们对畜禽遗传资源认识的深入，特色畜禽遗传资源的保护与开发利用日益受到国家重视和全社会关注。切实做好畜禽遗传资源保护与利用，进一步发挥我国特色畜禽遗传资源在育种事业和畜牧业生产中的作用，还需要科学系统的技术支持。

　　"中国特色畜禽遗传资源保护与利用丛书"是一套系统总结、翔实阐述我国优良畜禽遗传资源的科技著作。丛书选取一批特性突出、研究深入、开发成效明显、对促进地方经济发展意义重大的地方畜禽品种和自主培育品种，以每个品种作为独立分册，系统全面地介绍了品种的历史渊源、特征特性、保种选育、营养需要、饲养管理、疫病防治、利用开发、品牌建设等内容，有些品种还附录了相关标准与技术规范、产业化开发模式等资料。丛书可为大专院校、科研单位和畜牧从业者提供有益学习和参考，对于进一步加强畜禽遗传资源保护，促进资源可持续利用，加快现代畜禽种业建设，助力特色畜牧业发展等都具有重要价值。

中国科学院院士
中国农业大学教授 吴常信

2019 年 12 月

前言

　　貉是东亚特有物种，广泛分布于我国各地及东亚各国。中华人民共和国成立前，我国主要通过打猎获得貉，随着人民生活的稳定、经济社会的发展，野生皮已经无法满足人们日益增长的对毛皮的需要。为保护野生貉资源免于灭绝并满足产业发展需要，1956 年，中国农业科学院特产研究所开始利用野生的貉东北亚种中的乌苏里貉进行人工驯化、家养和品种培育。经过 60 多年的努力，我国已发展成为世界第一貉养殖、加工、消费大国。2018 年，全国养殖貉取皮量达 1 233 万张，养殖地区主要分布在河北、山东、辽宁、吉林、黑龙江等地，其中河北省养殖数量最多，秦皇岛市、唐山市为貉的集中养殖区域，成为当地很多老百姓的主业和地方的特色产业、立县产业，是农村脱贫致富的好项目。

　　目前，我国貉产业饲料生产研究及加工销售、养殖设备、产品加工等链条齐全，大多数疾病均有相关防控方法和药物，技术标准体系已经建立并在不断完善中，已形成以国家标准、行业标准、地方标准和团体标准为主的一系列标准体系，从品种选育、动物福利、卫生防疫、产品加工等几个方面规范动物福利，使得貉产业体系逐步走向完善。

　　笔者在近年来貉资源调研和养殖技术总结的基础上，借鉴同行先进技术编写了《乌苏里貉》。本书从貉品种起源与形成、品种特征和性能、品种保护、品种繁育、营养需要与常用饲料、饲养管理与疾病防控、养殖场建设与环境控制、开发利用等方面进行讲解，可为保护利用我国貉资源提供参考。本书不仅适用于一线养殖技术人员，也适合于研究人员、农业院校的师生阅读参考。

　　由于编者水平有限，在成书过程中借鉴了许多专家学者的著作和论文，在此表示感谢。由于笔者知识及水平有限，文中难免存在不足，敬请专家学者批评指正，以求实现新的提升。

编　者

2019 年 6 月

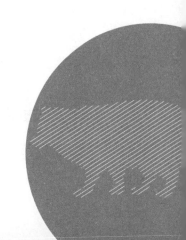

第一章
品种起源与形成过程

貉（*Nyctereutes procyonoides*），又称貉子、狸、土狗子，属于食肉目（Carnivores）犬科（Canidae）貉属（*Nyctereutes*）动物。产于我国的貉可分为乌苏里貉（*Nyctereutes ussurienusis*）、朝鲜貉（*Nyctereutes koreensis*）、阿穆尔貉（*Nyctereutes amurensis*）、江西貉（*Nyctereutes stegmanni*）、闽越貉（*Nyctereutes prycronoides*）、湖北貉（*Nyctereutes sinensis*）和云南貉（*Nyctereutes orestis*）7 个亚种。

貉的人工饲养已有数百年的历史。国内饲养的貉均是由野生貉的乌苏里貉亚种驯养而来的家养品种。其中，吉林白貉是家养乌苏里貉的毛色突变种，是由中国农业科学院特产研究所驯化、家养、培育、改良的珍贵大毛细皮类地方品种。在国内裘皮市场，人们习惯把产于长江以北的貉皮称为北貉皮，产于长江以南的貉皮称为南貉皮。

国外饲养貉的主要有芬兰等北欧国家和苏联，为当地驯养品种，饲养规模较小。

国内裘皮市场也常见从北美洲进口的北美貉皮，实际是产于北美洲的浣熊皮。

第一节　品种起源

我国对貉皮的利用已有悠久的历史，很早就开始了野生貉的驯养。貉的规模化驯养开始于 1957 年，吉林省特产研究所、黑龙江省横道河子毛皮动物饲养场等单位先后开展了貉的驯养工作。通过研究貉的生理习性、繁殖行为学等，1960 年中国农业科学院毛皮兽研究所（中国农业科学院特产研究所的前

1

身）成功攻克了貂的营养饲料、人工繁殖技术难题，建立了商品化养貂场，很快全国饲养种母貂近千只，年产貂皮 5 000 张左右。

一、乌苏里貂

1957 年，吉林省特产研究所（现为中国农业科学院特产研究所）对产于东北自然产区中的野生乌苏里貂进行人工驯化和繁殖；1986 年中国农业科学院特产研究所正式进行乌苏里貂驯养繁殖配套技术研究，包括乌苏里貂饲养模式、饲料和营养需要、饲养管理和繁殖关键技术、疾病防治措施等，历经约半个世纪的人工选育、改良，到目前已成功培育了优良的家养乌苏里貂种群，并已扩繁，推广到我国北方各省份。

二、吉林白貂

1979 年，在我国乌苏里貂种群中发现首例白色突变貂。为保护这一珍贵的遗传资源，中国农业科学院特产研究所于 1982 年开始考察和引种，并开展新色型白貂的培育研究工作，至 1990 年培育成功。研究人员考察了在黑龙江省的哈尔滨、绥化、双鸭山和吉林省的吉林市、前郭尔罗斯蒙古族自治县等地发现的 11 只突变白貂，结果发现除野生捕捉的 2 只突变白貂来源不清外，其余 9 只均为家养乌苏里貂的后代，同窝仔貂均有乌苏里貂仔貂。以引进的 6 只突变白貂（2 公 4 母）中的 2 只母貂为始祖（其余因各种原因不育或死亡），经过 5 年的选种、选配工作，繁殖出表型白貂个体 165 只，成活 46 只，并在此基础上进行了遗传规律的探讨研究，结果阐明了貂白色毛突变性状遗传方式，明确了人工培育白貂的主要技术措施。1991 年，吉林白貂在山东省冠县鲁西珍稀毛皮动物场落户。经过进一步选育提高和采用人工授精技术快速扩繁，吉林白貂的群体规模逐渐增加，并得到大面积推广。由于最先培育成功白色突变貂的中国农业科学院特产研究所位于吉林省吉林市，所以将这种白色貂称为吉林白貂。

第二节　主产区自然生态条件

一、中心培育区

乌苏里貂中心驯养培育地位于吉林省吉林市昌邑区左家镇，地处长白山和松嫩平原过渡地带，地势东高西低，东部和东南部为山区，西部为河谷平原区。东经 125°40′—127°56′，北纬 42°31′—44°40′。山区平均海拔 1 404.8 m，低山丘陵海拔 300～400 m，河谷平原区海拔 170～220 m。

中心培育区属北温带大陆性季风气候，四季分明，春季少雨干燥，夏季温热多雨，秋季凉爽多晴，冬季漫长而寒冷。全年平均气温 3～5 ℃，1 月平均气温 −20～−18 ℃，7 月平均气温 21～23 ℃。地表水和地下水较丰富，分布相对均匀。

中心培育区总面积 27 659.79 km²。2000 年，耕地面积 663 323.42 hm²，园地面积 25 459.7 hm²，林地面积 1 686 544.5 hm²，未利用土地面积 96 134.7 hm²。

二、中心生产区

乌苏里貉中心生产区为我国河北省、山东省、吉林省、辽宁省和黑龙江省。

河北位于中国华北地区，北纬 36°05′—42°40′、东经 113°27′—119°50′之间，环抱首都北京，东与天津毗连并紧傍渤海，东南部、南部衔山东、河南两省，西倚太行山与山西为邻，西北部、北部与内蒙古交界，东北部与辽宁接壤，总面积 18.88 万 km²。河北省跨海河、滦河两大水系，属温带大陆性季风气候，大部分地区四季分明。年日照时数 2 303.1 h，年无霜期 81～204 d；年均降水量 484.5 mm，降水量分布特点为东南多、西北少；1 月平均气温在 3 ℃以下，7 月平均气温为 18～27 ℃，四季分明。

山东省位于中国东部沿海、黄河下游，北纬 34°22.9′—38°24.01′、东经 114°47.5′—122°42.3′之间。境域包括半岛和内陆两部分，山东半岛突出于渤海、黄海之中，同辽东半岛遥相对峙；内陆部分自北而南与河北、河南、安徽、江苏四省接壤。山东省东西长 721.03 km，南北长 437.28 km，全省陆域面积 15.58 万 km²。山东的气候属暖温带季风气候类型。降水集中，雨热同季，春秋短暂，冬夏较长。山东省年平均气温 11～14 ℃，气温地区差异东西大于南北。全年无霜期由东北沿海向西南递增，鲁北和胶东一般为 180 d，鲁西南地区可达 220 d。山东省光照资源充足，光照时数年均 2 290～2 890 h，热量条件可满足农作物一年两作的需要。年降水量一般为 550～950 mm，由东南向西北递减。降水季节分布不均衡，全年降水量有 60%～70%集中于夏季，易形成涝灾，冬、春及晚秋易发生旱象，对农业生产影响最大。

辽宁、吉林、黑龙江三省南邻黄海、渤海，东面和北面有鸭绿江、图们

江、乌苏里江和黑龙江环绕，西面为中俄陆上边界。区域内有大、小兴安岭和长白山系的高山、中山、低山和丘陵，中心部分是辽阔的松辽大平原以及渤海凹陷。松辽平原、三江平原、呼伦贝尔高平原以及山间平地面积和山地面积几乎相等。辽宁、吉林、黑龙江三省为我国高纬度地区，地域广阔，大体属于温带湿润和半温润季风气候，大部分在中温带，少部分在寒温带和暖温带。西面和北面紧邻俄罗斯的西伯利亚寒冷的风源地，冬季漫长而寒冷，降雪较多，气候湿润，有助于乌苏里貉毛绒的成熟。

第三节　养貉业发展历程

我国养貉历史较短，但是现已发展成为世界第一养貉大国，2015年我国产貉皮1 610万张（中国皮革协会毛皮经济动物养殖委员会2016年公布数据），占世界养殖数量97%左右。我国貉养殖主产区主要分布于河北、山东、辽宁、黑龙江、吉林5省，上述5省养殖量占全国养殖总量的95%左右，河南、内蒙古、陕西、山西、宁夏、新疆、安徽、江苏、天津、北京等省份也有少许分布。

20世纪60年代初，中国农业科学院特产研究所摸清了乌苏里貉的饲养管理、繁殖技术等，养貉业曾一度在辽宁、吉林、黑龙江3省发展良好，后由于国际裘皮市场出现大毛细皮销路不畅，售价降低，国内貉饲养数量急剧减少，到70年代初，基本停止了人工规模化饲养。80年代，国际市场对毛皮需求发生了变化，大毛细皮需求量增加，党的富民政策为乌苏里貉的发展提供了有利的机遇、空间和条件，在我国北方许多省份开始饲养，取得较大发展。1988年，我国人工养貉达到30万～40万只，年产貉皮百余万张；进入90年代，受国际市场影响，养貉业步入低谷，仅保留了部分种貉。2001年以来，貉皮进入国际市场，人们自发地掀起养殖热潮。2005年全国养貉近千万只；2007年达峰值，全年提供貉皮1 863万张，年底留种貉200万只，该年度饲养量达2 063万只。目前，养貉业正在进行全面系统调整，朝着标准化、产业化、工厂化生产方向有序发展。

从2010年开始，中国皮革协会毛皮经济动物养殖专业委员会对我国貉养殖数量进行调查统计，2013年我国貉养殖前3位的省份是河北、山东和吉林。排名第1的河北省养殖种貉数量约占全国种貉数量的71.8%；排名第2的是山东省，种貉数量约占全国种貉数量的 15.2%；排名第 3 的是吉林省，养殖种貉数量大约占全国种貉总量的 11.3%。随着市场行情的上涨，养殖户养殖积极性提高，2014 年我国貉皮产量比 2013 年增加 16.7%，达到 1 400 万张左右，貉取皮数量最大省份为河北省，约占全国貉取皮总量的 75.6%，山东省位居第 2 位，约占 22.3%，辽宁省位居第 3 位，约占 0.8%，3 个省份的貉取皮数量约占全国貉取皮总量的 98.7%。貉取皮数量前 10 名的城市分别为秦皇岛、唐山、威海、沧州、衡水、临沂、潍坊（不包括诸城）、保定、张家口、聊城，前 10 名城市的貉取皮数量约占全国貉取皮总量的 91.0%。

由于受前几年市场需求旺盛和价格上涨以及市场反应滞后效应影响，2015 年貉皮行业整体产能严重过剩，再加上国际贸易摩擦导致我国毛皮出口疲软，养殖户养殖积极性受挫，信心受到严重打击。2015 年我国貉皮张产量与 2014 年相比增加了 15% 左右，达到 1 610 万张左右，达到有史以来的最高值。貉取皮数量最大省份为河北省，约占全国貉取皮总量的 69.37%；山东省位居第 2 位，约占 23.98%；辽宁省位居第 3 位，约占 2.21%，3 个省份的貉取皮数量约占全国貉取皮总量的 95.56%。2015 年我国貉取皮数量前 10 名的城市分别为秦皇岛、唐山、威海、沧州、临沂、聊城、衡水、松原、石家庄和承德。

由于 2012 年以来貉皮产量一直急速增长，供大于求导致价格一路下跌，皮张价格已经接近甚至跌破养殖成本。然而由于貉皮耐储存，部分养殖户惜售现象严重，导致 2016 年库存量仍然较大，2016 年貉皮价格在去库存的行业阵痛中持续低位徘徊。2016 年我国貉皮产量与 2015 年相比减少了 8.8% 左右，总产皮张 1 469 万张左右，在 4 年的持续增长后终于出现了小幅下滑。2016 年我国貉皮产量最多的省份仍然是河北省，但其所占全国貉皮总份额下降至67.2%；排名第 2 的仍为山东省，所占全国养殖比例也略有下降，约占21.07%；排名第 3 位的为黑龙江省，所占比例大幅上升，约占 10.4%。以上3 个省份的貉总产皮张数量约占全国的 98.7%。2016 年我国貉取皮数量排名前 10 位的城市分别为秦皇岛、唐山、威海、沧州、石家庄、衡水、大庆、保定、聊城和潍坊。

2017 年我国貉取皮数量 1 240 万张左右，与 2016 年统计数量相比降低了15.59%。2017 年我国貉取皮数量最多省份为河北省，约占全国貉取皮总量的66.32%；山东省位居第 2 位，约占 24.85%；黑龙江省位居第 3 位，约占

5.28%。3个省份的貉取皮数量约占全国貉取皮总量的 96.45%。2017年我国貉取皮数量排名前 10 位的城市分别为秦皇岛、唐山、威海、沧州、潍坊、聊城、临沂、石家庄、保定和衡水。

2018年我国貉取皮数量 1 233 万张左右，与 2017 年统计数量相比降低了 0.56%，产量趋于稳定。2018 年我国貉取皮数量最多省份为河北省，约占全国貉取皮总量的 56.30%；山东省位居第 2 位，约占 29.92%；黑龙江省位居第 3 位，约 10.20%。3 个省份的貉取皮数量约占全国貉取皮总量的 96.42%。2018 年我国貉取皮数量排名前 10 位的城市分别为秦皇岛、威海、潍坊、唐山、大庆、沧州、聊城、哈尔滨、石家庄和临沂。

2010—2018 年我国貉皮产量变化见图 1-1。

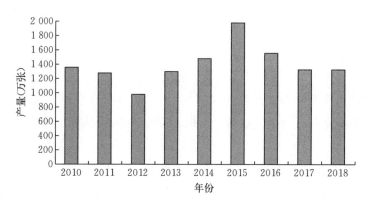

图 1-1 2010—2018 年我国貉皮产量

欧洲是世界第二大养貉地区，人工饲养的貉在 20 世纪 70 年代被引入欧洲，目前欧洲貉养殖区主要分布在芬兰和波兰，芬兰是欧洲貉皮产量最多的地区，占欧洲 2015 年总产量（15.5 万张）的 94%，剩余的 6% 来自波兰。

笔者通过对全国养貉主产区调查走访，发现养貉业已成为部分地区的支柱产业，养殖风险相较肉、蛋、奶生产低，尤其为解决老年农民的"家门口"就业问题提供了方便。例如，一对 60 多岁夫妇可饲养 300～500 只貉，每天低强度工作 2～4 h，收入可满足家庭日常消费和养老需要，这对促进社会稳定有积极意义。

调查发现，尽管我国养貉业有着几十年的历史，已形成了自有的养殖体系，但是还存在许多问题。①养殖技术缺乏：貉虽是毛皮动物中较容易饲养的一种，但其对饲养条件和技术也有较高的要求，我国貉从业者大多都是受市场利益驱使进入养殖业，以前没有经过系统培训和实践，从众现象明显，市场效益好时一窝蜂挤入，一旦饲养效益不理想就纷纷跳圈不干，从业者变动较大，不利于貉养殖业持续健康发展。②家庭作坊养殖：我国貉养殖业仍以家庭分散式中小规模养殖为主，点多、面广、分散、场小，少则30～50只，多则几百只，上万头的养殖场屈指可数，行业平均规模很小，无法统一管理、科学指导。这种养殖方式也导致疾病横行，无法统一防控，对养殖业损伤很大，同时滥用药物的问题也很严重。③国家、地方饲养标准、营养需要标准缺乏：大多数养殖者完全凭经验养殖，参考周围邻居甚至随意配制饲料，导致市场产品不统一，价格参差不齐，不能形成品牌，与国际养殖先进国家价格相差极大，甚至只有进口皮价格一半左右，国际竞争力低下。④育种意识落后和品种退化：现在貉育种还是依据表型性状进行选择，选育时间长，成本高，对于体尺、毛长、毛密度等数量性状往往需要数代至数十代才能选育成功，因此形成了饲养品种单一的局面。单一品种长时间饲养，再加上近交或引种不到位，又导致了品种退化，成为貉养殖业的一个瓶颈问题。我国貉产业中仅有一个地方品种——乌苏里貉和一个培育品种——吉林白貉，已经近20年未有培育新品种。貉育种场很少，各养殖场的种貉都是自由引入，种貉的质量差别很大，注重选种、选配和良种培育并落到实处的很少。无论是种貉还是所产皮张，场际和个体之间差别很大，优等皮所占比例较少，存在炒种、乱引种、乱串种甚至近亲交配等现象，造成品种退化。各地在繁育过程中产生了丰富的突变个体，除了大量的经济价值不高的花貉、阴阳貉、侏儒貉之外，也产生了少量具有品种培育价值的黑貉、棕貉、无针毛貉、黑眼白貉和高密度绒毛白貉等资源，然而各地对新出现的突变大部分做取皮处理，优质突变资源急需保护。

第二章
品种特征和性能

第一节　乌苏里貉

貉的主要天敌是狼、猞猁等猛兽。貉的正常体温 38.1～40.2 ℃，脉搏 70～146 次/min，呼吸 23～43 次/min，红细胞 584 万个/mm³，白细胞 12.052 万个/mm³。

一、外貌特征

乌苏里貉体型短粗；头部嘴尖吻钝，两侧有侧生毛；尾短，毛长而蓬松；四肢短而细。趾行性，前足 5 趾，第 1 趾退化，短而不能着地；后足 4 趾，缺第 1 趾。前、后足均具有发达的趾垫，无毛；爪粗短，与犬科其他属动物一样，不能伸缩。

吻部灰棕色，两颊横生有淡色长毛，毛长稀疏；眼的周围（尤其是眼下）生有黑色长毛，突出于头的两侧，构成明显的"八"字形黑纹，常向后伸延到耳下方或略后；背毛基部呈淡黄色或带橙黄色，针毛尖端为黑色；两耳周围及背毛中央掺杂有较多的黑色针毛梢，从头顶直到尾基或尾尖形成界限不清的黑色纵纹；体侧色较浅，呈灰黄色或棕黄色；腹部毛色最浅，呈黄白色或灰白色，绒毛细短，并没有黑色毛梢；四肢毛的颜色较深，呈黑色或咖啡色，也有黑褐色的；尾的背面为灰棕色，中央针毛有明显的黑色毛梢，形成纵纹，尾腹面色较浅。

吻鼻部较短，由眶前孔到吻端的距离等于齿间宽，从侧面看前额部略向下倾斜。鼻骨较窄，向后延伸至上腭骨，眶后突较尖，"人"字嵴突出，上枕骨中部的纵嵴也显著，矢状嵴明显向前伸展到眶后突的背缘。听泡较突，两侧听泡距离近。

上颌门齿排成弧形，齿尖内侧有一小叶，前臼齿为单峰，下颌第 4 对前臼齿尖后有一尖。其他齿与上颌对应相同。齿式为 $\dfrac{3 \cdot 1 \cdot 4 \cdot 2}{3 \cdot 1 \cdot 4 \cdot 2} = 40$ 枚或 $\dfrac{3 \cdot 1 \cdot (3{\sim}4) \cdot 2}{3 \cdot 1 \cdot 4 \cdot (2{\sim}3)} = 38{\sim}42$ 枚。

二、被毛

貉每年换毛 1 次，3 月下旬至 5 月底逐渐脱换底绒，7—8 月脱换剩余针毛，9—10 月开始生长绒毛，11 月中旬冬毛生长终止，是貉成熟的最佳时期。幼貉从 40 日龄以后开始，脱掉浅黑色的胎毛，3~4 月龄时长出黄褐色冬毛，11 月毛被成熟度与成年貉相近。乌苏里貉的季节皮一般在毛绒成熟的 11—12 月，即农历的小雪到大雪节气之间取皮，5 月左右出生的仔貉与成年貉一样，到冬季取季节皮。貉皮属大毛细皮，轻便柔软，毛长绒厚，美观保暖，灵活光润，张幅大，针绒毛比例适当、长短差异大、不易缠结，皮板致密，结实，坚韧耐磨，弹性好，是制作大衣、披肩、皮领、袖口、皮褥等制品的优质原料，成熟的皮张由鼻端至尾根长 97 cm 以上，面积 1 777.78 cm² 以上。乌苏里貉皮毛质量参数见表 2-1。

表 2-1　乌苏里貉皮针毛、绒毛的长度、细度及针绒、毛长度比

样本数	长度（cm）		细度（µm）						针绒、毛长度比
	针毛	绒毛	针毛			绒毛			
			下段	中段	上段	下段	中段	上段	
10	9.24 ±0.63	6.77 ±0.52	82.87 ±5.74	84.04 ±11.53	106.50 ±11.46	17.93 ±1.87	19.05 ±1.75	17.82 ±1.02	4.26 ±1.13

注：测定时间为 1983 年 11 月。测定地点为中国农业科学院特产研究所毛皮动物场。

三、成年体重体尺

成年乌苏里貉体重、体尺见表 2-2、表 2-3。

表2-2 成年貉各月体重（g）

性别	项目	1月	2月	3月	4月	5月	6月
公	n	59	56	37	47	48	30
	$\bar{x}$	6 262.7	5 910.7	5 459.5	5 136.2	5 622.9	5 520.0
	s	803.36	629.25	498.35	1 017.18	809.13	838.01
母	n	181	178	未配97	妊娠未测	55	68
	$\bar{x}$	5 886.7	5 482.6	5 184.8		6 569.1	5 691.2
	s	830.86	859.57	638.45		934.17	843.96

性别	项目	7月	8月	9月	10月	11月	12月
公	n	23	37	42	39	53	54
	$\bar{x}$	6 152.2	5 756.8	5 990.5	5 894.9	6 664.2	6 827.8
	s	942.37	1 189.26	1 332.88	1 477.16	1 437.25	893.27
母	n	55	73	87	107	129	109
	$\bar{x}$	5 674.5	5 147.9	5 257.6	5 127.1	5 779.1	6 357.8
	s	1 046.07	717.89	854.55	1 300.51	1 364.14	873.18

注：测定时间为1983年。测定地点为中国农业科学院特产研究所毛皮动物场。n为样本数量；$\bar{x}$为平均值；s为标准差。表2-4、表2-5同此。

表2-3 成年貉主要体尺（cm）

性别	体长	体高	胸围	头长	头宽	耳长	尾长	前肢	后肢
公	59～82	28～38	45～55	13～18	9～12	4.5～6.5	18～23	8～9.5	10～12
母	45～81	23～35	35～50	13～15	8～12	4～6	15～20	7～9	9～12

注：测定时间为1983年11月。测定地点为中国农业科学院特产研究所毛皮动物场。

四、幼貉生长速度

幼貉生长速度见表2-4、表2-5。

表2-4 仔、幼貉不同日龄体重（g）

性别	项目	日龄									
		1	15	30	45	60	90	120	150	180	210
公	n	124	108	89	67	57	29	24	26	20	13
	$\bar{x}$	120.1	295.3	541.9	917.8	1 370.65	2 724.1	4 058.3	4 769.2	5 445.0	5 538.5
	s	20.60	75.19	140.98	195.3	342.02	464.95	621.30	547.55	498.92	557.58

（续）

性别	项目	日　龄									
		1	15	30	45	60	90	120	150	180	210
母	n	133	105	89	72	101	59	53	59	46	22
	$\bar{x}$	117.2	294.5	538.6	888.6	1 382.5	2 783.1	4 184.9	4 957.6	5 654.3	5 545.5
	s	20.65	71.04	135.83	201.04	394.74	434.59	1 017.72	600.34	1 023.18	688.50

表 2-5　仔、幼貉不同日龄体长（cm）

性别	项目	日　龄						
		10	20	30	40	50	60	75
公	n	10	8	14	17	19	19	12
	$\bar{x}$	18.2	23.13	27.71	32.24	35.95	40.5	44.83
	s	1.03	1.36	2.70	1.60	1.13	1.91	2.71
母	n	19	11	23	26	26	26	21
	$\bar{x}$	18.63	22.73	26.78	31.98	35.85	40.52	43.17
	s	0.76	1.27	2.59	1.90	1.76	1.94	2.00

注：测定时间为 1983 年。测定地点为中国农业科学院特产研究所毛皮动物场。

五、繁殖性能

貉的寿命 8～16 年，繁殖年限 7～10 年，繁殖最佳年龄 3～5 岁。貉是季节性繁殖动物，春季发情配种，个别貉可在 1 月发情配种，妊娠期 54～65 d，每胎产仔平均 6～10 头，哺乳期 50～55 d。

第二节　吉林白貉

一、被毛

吉林白貉被毛颜色从表型上看有两种：①除眼圈、耳缘、鼻尖、爪和尾尖还保留着乌苏里貉标准色型外，身体其他部位的针毛、绒毛均为纯白色；②身体所有部位的针毛、绒毛均为纯白色。两种白貉除毛色有差别外其他特征完全相同。吉林白貉被毛长而蓬松、底绒略丰厚。背部针毛长 9～12 cm，绒毛长 6～8 cm。

吉林白貉针、绒毛长度见表 2-6。

表2-6 吉林白貉针、绒毛长度

性别	样本数量（只）	针毛长（cm）	绒毛长（cm）
公	13	10.33±0.80	7.53±0.38
母	13	10.42±0.56	6.10±0.55

注：测定时间为2007年11月。测定地点为中国农业科学院特产研究所毛皮动物场。

二、外貌特征

吉林白貉除被毛颜色与乌苏里貉不同外，其他外貌特征基本相同。

三、成年体重、体长

成年吉林白貉体重、体长见表2-7。

表2-7 吉林白貉体重、体长

性别	样本数量（只）	体重（kg）	体长（cm）
公	3	6.66±0.98	60.67±2.31
母	13	5.96±0.32	60.23±2.05

注：测定时间为2007年11月。测定地点为中国农业科学院特产研究所毛皮动物场。

四、幼貉生长速度

吉林白貉幼貉不同生长时期体重见表2-8。

表2-8 吉林白貉不同生长时期体重（g）

样本数量（只）	出生	15日龄	1月龄	2月龄	3月龄	5月龄	7月龄
10	102.70±7.43	225.00±36.17	497.90±122.6	1 210.31±350.6	2 084.34±689.05	5 535.72±1 816.98	7 201.51±1 617.42

注：测定时间：1989年4—10月。测定地点为中国农业科学院特产研究所毛皮动物场。

五、繁殖性能

由于存在基因重合致死现象，吉林白貉之间不宜交配繁殖，否则会导致产仔成活率降低。因此，应该采取吉林白貉和乌苏里貉之间杂交繁育，繁殖后代中白貉数量占50%。

第三章
品 种 保 护

第一节　保种概况

自 1956 年以来，半个多世纪的驯养和系统研究证明，饲养乌苏里貉与饲养家畜、家禽没有什么不同，既可建场大规模饲养，也可小规模家庭饲养。当前我国在乌苏里貉的养殖和开发利用上主要有以下几方面问题。

（1）盲目上马。养殖户缺乏科学养殖知识，配套技术跟不上发展的需要，导致生产能力低下。大多以庭院、小作坊、分散养殖，上规模有困难；不重视育种工作，见母就留，使品质严重退化，产品质量也难以提高。这种小规模的养殖方式缺乏抵御市场风险的能力和长足发展的后劲，挫伤了养殖者的积极性。

（2）由于群众自发养殖，在生产和产品销售上不规范，生产和营销管理无统一指导意见。

（3）对貉产品（毛皮）及副产品（肉、脂肪等）的开发利用，虽有初步研究，但是开发利用的力度不够，没有形成系列产品投入市场。

（4）尽管对貉饲养配套技术做了大量、成功研究，但还没有制定出国家统一的营养需要标准、种貉标准、产品标准等。

第二节　品种评价与前景

乌苏里貉是地方特种经济动物，在我国毛皮动物养殖业中占有重要地位。它的出现在振兴国民经济、丰富人们物质生活、促进国内外贸易以及在发展农村经济、增加农民收入等方面都起到了举足轻重的作用，已成为我国畜牧业的重要组成部分，在国内享有较高的知名度。为了使乌苏里貉皮在国内外裘皮市场上成为佼佼者，建议如下。

（1）运用现代育种技术和手段，从提高养殖科技含量入手，加强育种工作，培育出体型大、毛皮质量上乘的世界优良种貉群。

（2）组建专业性养殖协会，在政府相关部门的支持下，发挥协会的职能作用，正规化生产和销售，使养貉业有序地发展。

（3）根据市场需求，实现产业化开发，要从综合开发利用其产品（毛皮）和副产品（肉、脂肪等）上下功夫，充分挖掘这一潜在的商品优势。通过严格的规范化和标准化生产，生产适宜的系列产品，在营销中打出品牌，增强市场竞争能力，在国内外市场上立于不败之地，进而提高养貉业的总体经济效益。

第三节　保种技术

一、选种的作用

（1）提高貉群毛绒品质，获得更高的后期收益。

（2）使貉群整体质量向着预期方向发展，达到改变群貉质量的目的。

（3）增加种貉个体繁殖后代的机会，使产仔率有所增加，优良性状比例越来越高。

二、乌苏里貉种貉选择标准

1. 毛绒品质　针毛黑色、稠密，分布均匀，平齐，无白针毛，毛长 8～9 cm；绒毛青灰色、稠密，平齐而分布均匀，长度 5～6 cm。背腹毛差异小，被毛油亮。

2. 体型　断乳时体重不小于 1.4 kg，体长不小于 40 cm；5 月龄时体重不小于 5.0 kg，体长不小于 60 cm；成年貉（11～12 月龄）体重不小于 6.0 kg，体长不小于 65 cm。要求体型大，皮肤松弛，眼大有神，四肢挺健，身体健壮，无病。

3. 繁殖力　成年公貉要求交配能力 10 次以上，与配母貉受配率高，每胎产仔 10 只以上；成年母貉要求在 3 月上旬发情，每胎产仔成活 8 只以上。当年幼貉应选同窝仔貉 5 只以上，生长发育良好，外生殖器官正常，有效乳头

4 对以上。公母比例为 1：(2～3)。

三、选种方法

貉的选种工作应该坚持常年有计划、有目标的进行。选种直接影响未来的经济效益，绝不能在配种期把饲养场内的貉都作为种貉使用。

(一) 避免血缘近亲

首先要了解种貉个体间的血缘关系，将三代祖先范围内有血缘关系的个体归在一个亲属群内。然后，进一步分析每个亲属群的主要特征，把群的个体编号登记，注明几项指标（毛色、毛绒品质、体型、繁殖力等），进行审查和比较，查出优良个体，并在其后代中留种。然后，选择毛绒品质和体型等性状优于母貉的公貉进行配种。这样能充分发挥良种的公貉配种能力，限制品质较差公貉的配种机会，提高貉群后代的质量。大的饲养场从养育角度，若想使两个或几个性状同时得到提高，一般应采取异质选配（具有不同优良性状的公母相配）。

(二) 种貉要求体长、强壮、繁殖力强

当年出生的幼貉选留种貉时，应在 5—6 月幼貉断奶前后进行初选，主要是对幼貉体重、毛色以及同窝仔数、生长发育速度等进行初选。应选择被毛密度高、针毛齐全、色泽光润、背腰毛相似的青年貉作种用；针毛应为深黑色、均匀，白色且卷曲的不可作种用，绒毛丰厚细密，色泽青灰者为佳；种公貉的毛绒品质最好为一级，三级者不应留作种用，母貉的毛绒品质最低也应为二级。

公貉要求配种能力强，配种次数 10 次以上，精液品质优良，与配母貉受胎率高。选留经产母貉时，除考虑品质和体型大小外，还应适当考虑繁殖情况，要求发情早，发情征状明显，交配顺利，产仔较早，产仔数多（胎产仔 5 只以上），母性强，泌乳量足，善于护理仔貉。

在 8—9 月下旬复选，要比计划留种数多留 20%，以免因空怀、母性不强等原因造成数量不足，影响养殖规模的扩大。

精选在 11 月中旬，即在取皮之前进行，精选时公母按 1：3 比例留种。貉群较小时，应多留几只公貉，以防止配种时某些公貉配种能力不强而使母貉空

怀，影响一年的繁殖工作。

（三）依据种貉自身成绩

依据种貉自身成绩进行选择是生产中使用较普遍、操作较简单的一种较实用的选种方法，适合于生产记录及其他材料缺乏或不完整，以及选种经验不丰富、种群规划较小时采用。

个体选种只是考虑个体自身选择性状表型值，而不考虑该个体与其他个体的亲缘关系。

详细操作办法：把生产性能好的个体直接从大群中选出来留作种用，把质量较差的个体从群中淘汰掉。

自身成绩性状选种又分为单个性状选种和多个性状综合选种。

1. 单一性状选种　单个性状选择较为简单，普通的育成貉中大部分性状已达到要求或达到一定规范，而单个性状在短期需要进行有针对性的改善，或单个性状选择潜力仍较大时采用。

当市场上盛行针毛较短的貉皮服装后，就应该把选择的重点放在针毛短齐的性状上，忽略其他性状的选择，以便加快单一性状的遗传进展。

单一性状选择具有办法简单、遗传进展快等优点，并能在较短的时间内收到明显的选择结果。

2. 多个性状综合选种　育种理论或生产过程中，都希望多个好的性状能集于一身，这就需要采用多种性状综合选种方法。

多种性状综合选种主要有以下3种办法。

（1）顺序选择法　在一段时间内只选择一个性状，当这个性状达到要求后，再选另一性状，然后再进行第三性状的选择。

这种逐一选择也可以算作一定阶段内的单性状选择，这种选择方法对某一性状来说，遗传进展较快，但就几个性状来看，所需时间较长，几个性状间如存在着负相关关系，就会呈现顾此失彼的现象。所以，在采用此种办法时，要具体调查各种性状间的相关关系，并应用这种相关关系来提高选择结果。

（2）独立淘汰法　也是对几个性状进行选择。对所选的几个性状分别规定标准，凡不符合标准的都要淘汰。

因为同时具有几个优秀性状的个体不多，这就增加了选择的难度，有时也不得不降低某个性状的选择标准，而将其他性状优秀的个体淘汰掉。

（3）综合选择法 即同时选择几个性状。将几个性状的表现值依据其遗传力、经济性，以及性状间的表型相关和遗传相关进行综合，制定出一个综合指数，以该指数作为淘汰标准。

此种方法消除了上述几种选择方法的不足，可提高总体选择效果。然而，制定综合指数有一定难度，要求在专业技术人员指导下进行。

（四）依据系谱记载选种

系谱记载是某只貉父母代或祖代生产性能的记录。貉的很多性状都能遗传给后代，进行个体早期选种时，由于个体自身的性状还没有呈现，只能借助系谱上的亲本成绩记载确定该个体能否选留。此种选择方法是幼貉引种时采用的主要选种方法。

系谱测定是通过查阅和分析各祖代的生产性能、发育情况等，来估计该种貉的近似种用价值。首先应留意的是父母代，然后是祖父母代。

生产实践中常把个体自身的一些记载与祖代的成绩结合起来综合确定能否留作种用。

（五）依据同胞测定数据选种

该法是依据同胞的成果，估测所选留种貉的应用价值。貉是多胎动物，生产中常通过被屠宰同胞的皮毛质量来判断该种貉的种用价值。进行毛皮品级检测时，普遍依据毛绒质量（质地、光泽、色彩等）和尺码等目标综合判定。

全同胞由于是同年、同父母所生，饲养环境接近，能准确可靠地估测种貉的种用价值，推断种貉的毛皮质量。因此，同胞测定在选种中占有较重要的位置。

（六）依据后裔测定数据选种

后裔测定是依据其后代的成绩来对这只貉自身作出种用价值的评定。这是判别该貉是否留种的最好办法，由于选留种貉的目标就是要让它生产优秀的子女，子女优秀，证实选种精确。对于遗传力低的性状，用后裔测定可以加快遗传进展。

后裔测定的不足之处是需要时间长，费用大，适合基础较好的养殖场采用。

不管采用哪种办法进行选种，淘汰劣质个体时一定要果断。

经过一年的饲养繁殖，能够掌握公貉的配种能力和母貉的发情、产仔和泌乳情况，同时又因为经产母貉一般在第2～4年产量最高，所以在第1年取皮之前，根据记录、档案对所有经产母貉进行挑选，对脱换毛绒较晚、经常嗝吐的以及频频晃头、大小便习惯性撒在食盆里的都不应留作种用。在年龄结构上，一般采取成年公貉配成年母貉或当年公貉配当年母貉的方法进行，并逐年加强对所产后代的纯种选育工作，严格淘汰不理想的后代。

小型貉场相对于中大型貉场，品种选择较为灵活，在对国际国内市场行情有充分了解的前提下，可以尝试选择单一品种进行繁殖。大中型貉场的品种一般不建议单一养殖，可以参考专业人士的意见，几个品种同时进行，以此来规避市场存在的风险，提高利用效率。

第四节　种质特性研究

利用现代生物技术进行品种特异性状的遗传机制研究、分子标记开发等。

一、乌苏里貉的色型

1. 乌苏里貉的色型　颈背部针毛尖，呈黑色，主体部分呈黄白色或略带橘黄色，底绒呈灰色。两耳后侧及背中央掺杂较多的黑色针毛尖，由头顶伸延到尾尖，有的形成明显的黑色纵带。体侧毛色较浅，两颊横生淡色长毛，眼睛周围呈黑色，长毛突出于头的两侧，形成明显的"八"字形黑纹。

2. 其他色型

（1）黑"十"字型　从颈背开始，沿脊背呈现一条明显的黑色毛带，一直延伸到尾部。前肢、两肩也呈现明显的黑色毛带，与脊背黑带相交，构成鲜明的黑"十"字。这种毛皮颇受欢迎。

（2）黑"八"字型　体躯上部覆盖的黑毛尖，呈现"八"字形。

（3）黑色型　除下腹部毛呈灰色外，其余全呈黑色，这种色型极少。

（4）白色型　全身呈白色毛，或稍有微红色，这种貉是貉的白化型，也有人认为是突变型。

3. 乌苏里貉家养条件下的变异 在数万张以上的貉皮分级中，发现家养乌苏里貉皮的毛色变异十分惊人，大体可归纳如下几种类型。

（1）黑毛尖、灰底绒 黑色毛尖的针毛覆盖面大，整个背部及两侧呈现灰黑色或黑色，底绒呈现灰色、深灰色、浅灰色或红灰色。其毛皮价值较高，在国际裘皮市场上备受欢迎。

（2）红毛尖、白底绒 针毛多呈现红毛尖，覆盖面大，外表多呈现红褐色，严重者类似草狐皮或浅色赤狐皮，吹开或拨开针毛，可见到白色、黄白色或黄褐色底绒。

（3）白毛尖 白色毛尖十分明显，覆盖分布面很大，与黑毛尖和黄毛尖相混杂，其整体趋向白色，底绒呈现灰色、浅灰色或白色。

二、貉遗传机制研究进展

陈明帅等以乌苏里貉为对照，分别对黑貉繁殖性能、生长性能、毛皮性能、血液生理生化指标进行了测定。结果表明，在相同的饲养和管理条件下，黑貉和乌苏里貉窝产仔数和分窝成活率差异不显著（$P>0.05$）；生长性能中，不同毛色个体 45～210 日龄体重和体高差异不显著（$P>0.05$）；毛皮性能中，黑貉背部针绒毛长度显著高于乌苏里貉（$P<0.05$）；血液生理生化指标中，除了同种色型间个别指标有差异外，其他各项指标在 2 种毛色貉间无统计学差异（$P>0.05$）。

徐超等以常规育种技术为主要手段，以分子育种技术为补充开展了黑貉的品种选育，首先利用纯黑色突变个体为素材与优质乌苏里貉杂交，获得稳定的黑貉遗传基础群，进一步以黑色性状为首选目标，对被毛颜色不纯、精选时体重低于 5 500 g、5 月 10 日后出生、窝活仔数小于 3 只的个体进行严格淘汰，精选优秀个体以 1 年为一个世代组成育种核心群进行闭锁繁育。毛色性状是貉重要的经济性状。为了确定参加黑貉毛色绒调节的基因，采用 Illumina HiSeq 2000 测序平台对乌苏里貉和黑貉的皮肤进行全基因表达谱研究，将所得到的乌苏里貉和黑貉的皮肤 Unigenes 进行差异表达分析，并对照 GO 数据库进行分类整理。发现黑貉相对乌苏里貉有 31 个基因表达显著上调，51 个基因显著下调，并对这些差异基因进行 KEGG 通路注释，发现它们参与了包括黑色素生物合成、黑色素瘤、MAPK 信号通路、Wnt 信号通路等多种色素沉积相关通路。貉子皮肤转录谱的获取可以为未来深入研究貉控制毛色基因表达网络提

供基础。

张浩等利用生物信息学方法对 RNA – Seqs 试验获得乌苏里貉 *agouti* 基因的完整编码区序列的碱基组成及其编码蛋白的结构特征进行了预测和分析，并采用非对组算术平均法（UPGMA 法）构建系统发育树。结果表明，获得的乌苏里貉 *agouti* 基因 cDNA 长度为 530 bp，含 396 bp 开放阅读框（ORF），编码 131 个氨基酸。预测乌苏里貉 agouti 蛋白分子质量为 14.41 ku，等电点为 9.68，为不稳定疏水性蛋白；含有 11 个磷酸化位点、1 个糖基化位点和 1 个长达 24 个氨基酸的信号肽；预测发现无规则卷曲为其主要二级结构。系统进化树结果显示乌苏里貉与赤狐、家犬遗传距离最近，这与传统的动物分类学一致。对乌苏里貉 *agouti* 基因分子结构特征的分析，可为揭示其影响毛色多样性的分子遗传学机制提供理论依据。

很多国内外学者对野生色型、红褐色型、白色型 3 种色型乌苏里貉的遗传学进行了研究，最早的当数对野生色型乌苏里貉的研究。IZABELA 的研究表明，野生色型乌苏里貉的二倍体染色体数目是 $2n=54\sim58$，但 56 和 57 数量较多，比例分别为 68.6％和 16.45％。Ward 认为关于中国貉的二倍体染色体数目为 56 或 57；还有报道表明貉的二倍体染色体数目为 56。

李延鹏利用外周血淋巴细胞培养法制备染色体标本，对红褐色乌苏里貉、野生乌苏里貉和吉林白貉 3 种毛色乌苏里貉的染色体数目进行比较，得出的结论为：野生色型、红褐色型、白色型乌苏里貉的二倍体细胞染色体数为 56 的细胞频率分别为 83％、86％、70％；野生乌苏里貉、红褐色乌苏里貉染色体众数均为 56；吉林白貉的染色体众数为 56 或 57，其染色体数目存在多态现象。

孙静提取了红褐色乌苏里貉毛囊组织 DNA，通过 PCR 扩增，得到了红褐色貉 *MC1R* 基因，获取的序列长度为 1 329 bp，与已知序列进行比较后得出同源性为 98％，突变为 13 处，和野生型比较同源性达到 99％，检测到了 829 bp、820 bp、793 bp、569 bp、474 bp、452 bp、439 bp、274 bp 共 8 个变异位点。其中，在 439 bp 处的编码第 53 位 Pro 的第三密码子发生无义突变 A→G；以下位点的氨基酸发生错义突变：Ala829→Glu，Arg820→His，Arg793→Cys，Arg569→Cys，Arg474→Leu，Val452→Ala，Gln274→Arg。推测红褐色的出现是由于 *MC1R* 基因具有相关的功能突变位点，从而导致毛色突变。

王星对乌苏里貉 *MC4R* 基因的研究结果表明，乌苏里貉 *MC4R* 基因与赤狐、北极狐犬、貉等几种犬科动物在该编码区核苷酸序列上的同源性为98.7%~99.7%，小鼠、大鼠、猪、牛、非洲象、黑猩猩、人的同源性为86.2%~89.5%，不同物种间在该基因核苷酸序列上保守性较高。通过对20种动物 MC4R 核苷酸序列进行的聚类分析结果显示，斑马鱼与鸡为一松散类群，哺乳动物与犬科动物为一紧密类群，符合公认的动物分类及进化关系。潘宝丽克隆了貉整个 MC4R 基因共 1 239 bp。

潘宝丽克隆了貉 PouIF1 基因第 4 外显子，序列长度为 150 bp。将所测序列通过 GenBank 中的 BLAST 比较分析，此段序列与犬、牛、人和黑猩猩、褐鼠、斑马鱼、鸡的同源性分别为 100%、94%、92%、88%、84%、83%；并进行多态性检测，在不同试验个体中均未检测出多态，说明该位点突变并未引起貉体重的改变。

杨建对野生和家养乌苏里貉的 FSHβ 基因部分序列、FSHR 基因 5′端上游调控区和外显子 10 进行扩增和测序。获得序列长度分别为 1 257 bp、757 bp、1 398 bp，经 BLAST 比较分析，与犬的同源性分别为 99%、98% 和98%。利用 DNAMAN 软件对 2 只野生与 2 只家养貉进行多序列比对，结果表明，3 个基因片段中分别检测到 12、10 和 3 个变异位点，其中编码区碱基的突变位点分别有 2、1 和 0 个；将 2 只家养貉的序列相比后分别有 2、1 和0 个多态位点，而 2 只野生貉有 6、9 和 3 个多态位点，说明野生貉比家养貉的遗传多样性更明显。

朱艳菲克隆了野生色型和红褐色型乌苏里貉 TYRP1 基因 CDS 序列，经RT - PCR 技术对 TYRP1 基因在 2 种毛色貉中的 mRNA 表达水平进行了分析。结果表明，2 种貉 TYRP1 基因 CDS 序列全长 1 614 bp，共编码 537 个氨基酸；红褐色乌苏里貉 TYRP1 基因编码序列与人、黑猩猩、犬、猪、马、绵羊、牛、猫、小鼠、虎鲸核酸序列的同源性比较范围在 83.22%~99.07%，相似性较高。利用 SPSS 软件 19.0 版进行独立样本 t 检验，结果表明 TYRP1基因可以在 2 种貉的皮肤组织中稳定表达，利用 $F = (1+E) - \triangle\triangle Ct$ 计算可知 TYRP1 基因在红褐色乌苏里貉中的表达量是野生型乌苏里貉的 0.93 倍，但差异不显著（$P > 0.05$）。

何蕊纯等对野生色型、白色型、红褐色型乌苏里貉的染色体数目、基因型、相关毛色基因 MC1R、MC4R、POUIF1、FSHβ 和 FSHR、TYRP1、KIT 的克隆及序列分析进行了归纳总结。吉林白貉的染色体总数为 56 或 57，

红褐色型乌苏里貉和野生色型乌苏里貉体细胞染色体总数都是 56。野生色型、吉林白貉、红褐色乌苏里貉的基因型分别为 Ww、ww、Gg。红褐色乌苏里貉的毛色主要与 *MC1R* 基因有关，与白毛色形成相关的基因为 *KIT* 基因。

张宇飞等根据 GenBank 中登录号为 XM＿545660.5 的犬科抑制素 α 亚单位的 mRNA 预测序列设计了 1 对引物，用 RT‑PCR 技术从乌苏里貉的卵巢组织中扩增出抑制素 α 亚基因，同时将其插入克隆载体中，然后进行测序及生物信息学分析。测序结果表明，乌苏里貉的抑制素 α 亚基因 CDS 序列全长为 1 107 bp，编码 369 个氨基酸。乌苏里貉的抑制素 α 亚基因与肉食目犬科动物犬的抑制素 α 亚基因序列同源性最高，分别为 97.9％与 97.6％。系统进化树表明，乌苏里貉与肉食目犬科动物犬的亲缘关系较近，同时也说明抑制素 α 亚基因在不同物种及进化过程中具有高度保守性。对抑制素 α 亚基蛋白进行高级结构预测发现，由于半胱氨酸间形成的二硫键导致其采用"蝴蝶"形或"开放手"形构型，其中 α 螺旋形成分子的"手腕"结构，β 折叠形成分子的"手指"结构。

第四章
品 种 繁 育

第一节　貉的发情鉴定

一、发情时间

貉一般在 2—3 月发情配种。由于不同地区纬度的不同，貉开始发情的时间略有提前或推迟。黑龙江省貉在 1 月下旬就有发情受配的，吉林省和辽宁省貉一般在 2 月上旬开始发情，发情配种的高峰期在 2 月下旬（占 80％以上）。公貉略早于母貉，所以要掌握好发情时间，不要错过发情期。

二、貉的发情鉴定

（一）公貉的发情鉴定

从群体上看，公貉发情比母貉早且比较集中，从 1 月末至 3 月末均有配种能力。公貉发情时，睾丸膨大、下垂，具有弹性，如鸽卵大小。运动加强、表现活跃，常发出"咕咕"的求偶声，采食量下降，频频排尿，有时翘起一后肢斜着往笼网上或食盆、盆架上排尿，尿中的"貉骚"味加浓，趋向异性，对放入的母貉表现出极大的兴趣，不断爬跨母貉，如此时母貉发情，则能顺利达成交配。触摸检查公貉睾丸，若发现睾丸膨大，质地松软且富有弹性，已下降至阴囊中，一般已具有交配能力；若睾丸太小，质地坚硬无弹性，或没有下降到阴囊中（即隐睾），一般不具备配种能力。

（二）母貉的发情鉴定

母貉发情一般略迟于公貉，多数是 2 月下旬至 3 月上旬，个别也有到 4 月

末的。母貉的发情鉴定较为复杂，发情时躁动不安，运动增加，食欲减退，排尿频繁，常用笼网磨蹭或用舌舔外生殖器官。发情旺期时，母貉神情极度不安，食欲减退或废绝，不断发出急促的求偶叫声。发情后期，活动逐渐趋于正常，食欲恢复，精神安定。母貉常用的鉴定方法有放对试情法、外阴部观察法、发情测试仪法、阴道细胞学检查法，以外阴部观察法最为常用。

1. 放对试情法　将母貉放于公貉笼内，可见到以下情形：刚开始发情的母貉，有趋向异性的表现，可与试情公貉玩耍嬉戏，但拒绝公貉爬跨交配。发情旺盛时，母貉性情温驯，后肢叉开站立，尾巴歪向一侧，静候公貉爬跨交配。到后期，母貉性欲减退，对公貉怀有敌意。可借鉴"母貉站立稳，尾巴歪一边，公貉爬跨母不咬，这时配种恰正好，初配复配三四次，空怀低来产量高"的经验。

母貉发情期或临近发情期时，才能试情。试情不要过早或过晚，过早试情则母貉缺乏性兴奋、惊恐不安，对其发情造成干扰或抑制；而试情过晚则母貉发情期已过，起不到试情的作用。不到发情旺期和过了发情旺期的母貉会拒绝交配，此时放对试情要防止其咬伤公貉。放对试情需要花费大量的人力与时间，在大型养貉场此法更显得繁重与笨拙。

2. 外阴部观察法　母貉发情后，外阴部的变化分为几个阶段，即发情前期、发情期和发情后期。为了便于观察母貉发情变化，通常将发情前期分为发情前一期和发情前二期。

发情前一期：发情母貉阴门开始肿胀，阴毛分开，使阴门露出，阴道流出具有特殊气味的分泌物，表现不安，活跃。此期一般能持续 2～3 d，但也有的母貉持续达 1 周左右或更长的时间。

发情前二期：母貉阴门高度肿胀，肿胀面平而光亮，触摸时硬而无弹性。阴道分泌物颜色浅淡。当放对时，相互追逐，嬉戏玩耍。公貉欲交配爬跨时，母貉不抬尾，并回头扑咬公貉，拒绝交配。此期持续 1～2 d。

发情期：阴门肿胀程度有所变化，肿胀面光亮消失而出现皱纹，触摸时柔软不硬，富有弹性，颜色变淡。阴道流出较浓稠的白色分泌物。母貉食欲下降，有的母貉停止吃食 1～2 d。这时公母貉放对时，母貉表现安静，当公貉走近时，母貉主动把尾抬向一侧，接受交配，此时为最适宜的交配时期。一般可持续 2～5 d，初次发情的小母貉，不像上述情况那样典型，可根据试情放对情况灵活掌握。

发情后期：外阴部逐渐萎缩，颜色变白，放对时，对公貉表现戒备状态，拒绝交配，此时可停止放对。

静止期：阴门被阴毛所覆盖，如不扒开看不到，阴裂很小。

外阴部观察法虽然简单实用，但是对检查人员经验要求比较高，不适合新手使用。可借鉴"粉红色早，紫黑色迟，深红湿润正适宜；阴门要湿润，干巴不放对，放对配上也不孕"的经验。

3. 发情测试仪法 根据貉发情期间阴道分泌物电阻抗值的变化规律，利用发情测试仪检测母貉阴道电阻值变化程度，将电阻值逐日做好记录，将测试数据整理成曲线，进而确定母貉最佳人工授精时间。

具体操作流程：用纱布、棉花或卫生纸清洁探头和电极，清除电极上的黏液、粪便、尿液或毛。清除外阴的黏液以及毛发，消毒探头；把被测的貉放在容易测量的地方，使貉感到舒适、放松。将探头平缓插入外阴，插入大约一半长时稍稍感到阻力，说明到宫颈口的位置。要根据具体品种和大小，选择插入的长度，插入探头的角度最初近似 45°，平缓插入；然后旋转 1 圈，使电极充分接触阴道黏液。测完后平缓取出探头。

测量结果及输精时间的确定：不同测定仪厂家推荐略有不同，在阴道不同地方测量结果不一样，以宫颈口测量结果最准确，因为宫颈口有比较新鲜（刚分泌）的黏液。多测量几次，每次都在同一时间，确保测量结果的准确性。每测完一只貉一定要严格消毒器具。

4. 阴道细胞学检查法 阴道上皮受卵巢内分泌直接影响，其成熟程度与体内雌激素水平呈正相关，雌激素水平高时，涂片内有大量角化细胞，核深染致密；雌激素水平低时，涂片内出现底层细胞，所以根据涂片内上皮细胞的变化可以评价卵巢发育情况。母貉进入发情期后，在生殖激素的作用下，阴道上皮细胞的形状、大小逐渐发生改变，单层的立方上皮转化为多层、形状不规则、大的、有核的鳞状细胞（中间型细胞），最后变成无核的角化鳞状细胞（表皮细胞）。到排卵时，上皮细胞全部角化，白细胞消失。阴道上皮细胞特征性变化，可以确定母貉的最佳配种时机。

具体操作流程：用棉签或吸管吸取阴道分泌物制成涂片，在 200～400 倍显微镜下观察，圆形细胞逐渐减少、角化细胞逐渐增多时，为发情前期；角化细胞占满视野、圆形细胞缺少时为发情期，即适宜输精期；角化细胞减少而圆形细胞又重新出现时，为发情后期。

排卵时间的确定：母貉排卵多发生在上皮细胞角化程度最高的第1天，白细胞完全崩解消失成不规则的碎片。阴道黏膜细胞层增生，表皮细胞80%～90%角化，核不明显。当角化细胞数量占整个涂片细胞的80%以上时，第2天即可确定为最佳配种时间。

（1）发情前期　在发情前期的初期的涂片上，上皮细胞主要是副基细胞和小中间细胞，随后，副基细胞和小中间细胞逐渐减少，大中间细胞及角化上皮细胞的比例逐渐增加，偶见白细胞。

（2）发情期　在发情期的阴道涂片上，观察到的主要是角化上皮细胞，根据角化的程度不同，有些角化上皮细胞还含有固缩的核，而另一些角化的上皮细胞核则完全消失。在发情期的末期，角化上皮细胞呈团块状或片状聚集，除角化上皮细胞外一般看不到其他细胞。

（3）发情后期　发情后期阴道涂片可观察到大量的白细胞，在发情期的早期，可看到小中间细胞及大中间细胞，而在发情后期的晚期，白细胞的数量减少，副基细胞的数量将增加，且有时还可观察到细胞碎片。

（4）乏情期　乏情期的阴道涂片上主要是小中间细胞及副基细胞，白细胞几乎不可见。

阴道细胞学检查在采样时，要用无菌棉签，防止棉花遗落在阴道中，不要刺激阴道壁，也不能有灰尘污染，当阴道有炎症时不能采样，避免在阴道前庭采样，因为前庭上皮细胞角化程度较高，不能真实反映血浆中激素变化，而且容易污染。制片时避免棉签在载玻片上拖动，否则会导致细胞破裂或变形。当鉴定人员技术不熟练时，可将涂片进行快速瑞氏染色，当视野内80%以上细胞被染成红色时，第2天即可输精。

要在每天固定的时间检查貉，尽量早晨检查貉，因为清晨时夜尿基本都已排净。以上4种发情鉴定方法应结合进行，灵活掌握。一般以性行为观察为辅，以外阴部观察法为主，以放对试情法的行为观察为准，阴道细胞学检查法较科学准确，可在外生殖器官表现不明显或对隐性发情母貉进行发情鉴定时应用。

第二节　貉的配种技术

笼养貉的配种期是和母貉的发情时期相吻合的。东北地区一般为2月初至

4 月下旬，个别的从 1 月下旬开始。不同地区的配种时间稍有不同，一般低纬度地区略早些。经产貉配种早，进度快；初产貉次之。

一、放对配种

1. 放对时间　貉的配种一般在白天进行，特别是早晚（尤其是早晨和上午）气候凉爽的时候，公貉的精力较充沛，性欲旺盛，母貉发情行为表现也较明显，容易促成交配。具体时间为早晨 6：00—8：00，下午 4：30 以后。配种后期气温转暖，放对时间只能在早晨。

2. 放对方法　貉的配种均采取人工放对、观察配种的方法。放对时一般是将母貉放入公貉笼内，因为公貉在其熟悉的环境中性欲不受抑制，交配主动，可缩短交配时间，提高放对配种效率。但遇公貉性情急躁或母貉胆怯的情况时，也可将公貉放入母貉笼内。

放对分试情性放对和交配性放对。试情性放对，如前所述主要是通过试情来证明母貉的发情程度。所以当发情未到盛期时，放对时间不宜过长，一般 10 min 左右即可，以免公母貉之间因达不成交配而产生惊恐和敌意。交配性放对，是在确认母貉已进入发情盛期的情况下，力争达成交配。所以，只要公母貉比较和谐，就应坚持，直至顺利完成交配。

3. 配种方式　因为貉是季节性单次发情、自发性陆续排卵的动物，所以其配种宜采取连日复配方式。即初配以后，还要每天复配 1 次，直至交配 3 次为止，这样可提高产仔率。有时貉在上一次交配后，间隔 1～2 d 才接受再次复配。为了确保貉的复配，对于择偶性强的母貉，可更换公貉进行双重交配或多重交配（即用 1 只母貉与 2 只公貉或 2 只以上公貉交配），以复配 3 次为最好，但这种母貉的后代不宜留种。

二、精液品质检查

检查公貉精液品质，是确保配种质量的有效手段，可防止假配及因精液品质不良或无精子而造成的不孕。

精液品质检查应在 18～20 ℃的室内进行。方法是用消毒玻璃棒或吸管插入刚配完的母貉阴道中 8～10 cm 处蘸取或吸取少量精液，滴在载玻片上，置于 160～200 倍显微镜下观察。首先观察确定有无精子，如有，再观察精子的形态、活力、密度等。精子呈蝌蚪状，头尾清晰、大小均匀、无畸形（缺头、

双头、缺尾、双尾、卷尾等）、数量较多、运动活跃、大部分呈直线前进，即为正常。如镜检时无精子或精子很少，活力很弱，需要换公貉重配。对经多次检查确无精子或精液品质不良的公貉，应停止使用。

三、种公貉的训练与利用

由于1只公貉可配3～4只母貉，因此提高种公貉的配种能力，是完成配种工作的重要保证。

1. 早期配种训练　种公貉尤其是年幼的公貉，第一次交配比较困难，一旦交配成功，就能顺利交配其他母貉。因此，对种公貉特别是对年幼种公貉进行配种训练是十分必要的。训练年幼公貉参加配种，必须选择发情好、性情温驯的母貉与其交配，发情不好或没有把握的母貉不能用来训练小公貉。训练过程中，要注意保护公貉，严禁粗暴地恐吓和扑打公貉，注意避免公貉被咬伤；不然，种公貉一旦惊吓而丧失性要求，则很难再正常配种。

2. 种公貉的合理利用　为了保证种公貉在整个配种期保持旺盛的性欲，应做到有计划地合理使用。配种前期和中期，每天每只公貉可接受1～2次试情放对和1～2次配种性放对，每天可成功交配1～2次，如每日两次，中间应间隔6 h以上。一般公貉连续配种6次后，必须休息1～2 d才能再放对。配种后期发情母貉日渐减少，公貉的利用次数也减少，应挑选性欲旺盛、没有恶癖的种公貉完成晚期发情母貉的配种工作。配种后期一般公貉性欲减退，性情也变得粗暴，有的择偶性变强，有的甚至撕咬母貉，对这样的公貉可减少对母貉试情次数，重点使用，以便维持旺盛的配种能力，在关键时用它解决难配的母貉。

3. 提高公貉交配效率　掌握每只公貉的配种特点，合理制订放对计划。性欲旺盛和性情急躁的公貉应优先放对。每天放给公貉的第一只母貉尽量是发情充分或复配母貉，力争顺利达成交配，这样做有利于公貉再次与母貉交配。公貉的性欲与气温有很大关系，气温增高时性欲下降。因此，在配种期应将公貉养在棚舍的阴面，放对时间尽量安排在早、晚或凉爽的天气。公貉性欲旺盛时，可抓紧时间争取多配。人流过密和噪声刺激等不良环境因素，也可使公母貉性行为受到抑制，因此在配种期要尽量保持安静，饲养人员观察放对时，也尽量不要太靠近放对笼舍，以免惊扰公母貉交配。

4. 配种时应注意的事项

（1）确认母貉是否真正受配　要求饲养人员认真观察公母貉交配动作和行为，尤其要注意公貉有无射精动作，以辨真假，必要时可用显微镜检查母貉阴道内有无精子，加以验证。

（2）防止公貉或母貉被咬伤　给貉放对时，人员不要离开现场，注意观察，一旦发现公、母貉有敌对行为，应及时将其分开。

（3）必要时采取辅助交配措施　个别母貉虽然发情正常，但交配时后肢不能站立或不抬尾，导致难配，此时需人工辅助才能达成交配。辅助交配时要选用性欲强且胆大温驯（最好经一定的训练）的公貉。对交配时不站立的母貉，可将其头部抓住，臀部朝向公貉，待公貉爬跨并有抽动的插入动作时，用另一只手托起母貉腹部，调整母貉臀部位置。只要顺应公貉的交配动作，一般都能达到交配。对于不抬尾的母貉，可用细绳拴住尾尖，固定在其背部，使阴门暴露，再放对交配。注意最好将绳隐藏于毛绒里，以免引起公貉反感。交配后要及时将绳解下。

第三节　貉的人工授精

一、母貉发情鉴定

可通过放对试情、外阴部观察、阴道细胞学检查、发情测试仪法等综合判断母貉是否发情。确认已进入性欲期的母貉，多数已排卵，可以输精，但受胎率不高。利用子宫颈形态、质地和输精针通过子宫颈口的手感来确定排卵期比较准确。

1. 利用子宫颈的大小、质地鉴定排卵　用手捏貉子宫颈，如果子宫颈由细变粗，则此时貉尚未排卵，进行人工授精为时过早；如果子宫颈粗细不变，以手捏之，有一定弹性，则此时已排卵，是输精的好时机，受孕率极高；如果子宫颈变细变软，则此时已过排卵期，再输精已没有意义。

2. 利用输精针鉴定排卵　输精针通过子宫颈时，感觉黏着性大，此时尚未排卵；进针时感觉无黏着性，较松弛而光滑，进出无阻力，此时排卵期已过；进针时感觉有一定的黏着性，黏性介于上述两种情况之间，或进针时感觉子宫颈前一部分较黏，后一部分较松弛、光滑、无阻力，此时正是排卵期，是输精的好时机。

二、器械消毒

新购入的玻璃器皿一律用加一点稀盐酸的水或蒸馏水浸没煮沸以去掉工业用碱，再用清水冲洗1～2次，最后用蒸馏水冲洗1～2次，干燥、包好，灭菌备用。用过的玻璃器皿最好放入消毒液里浸泡进行无害处理后，用加有洗洁精的水洗刷去掉污垢，再用清水反复冲洗直至无泡沫为止，最后用蒸馏水冲洗1～2次，干燥、包好，灭菌备用。

用于人工授精的器材必须灭菌后使用，以防感染而造成不必要的损失和不良影响。玻璃器皿最好是干热灭菌，将洗刷干净的玻璃器材用白纸包好或装入灭菌容器中（如铝饭盒）放入电热干燥箱内，140 ℃干热30 min，灭菌后待箱体温度降到常温后开箱取出备用。

金属制品（输精针）、耐高温的塑料制品如阴道扩张器、胶盖宜用湿热灭菌，将已包好的上述物品放入高压灭菌器中，高压消毒30 min即可，不宜高压的物品，根据情况采取特殊消毒方式，如煮沸、药液浸泡、流动蒸汽消毒等方法。

三、按摩采精

采精员要把指甲剪短、磨平，手用消毒液洗净、晾干后，轻轻接近种公貉，先将睾丸进行按摩刺激，可使其产生兴奋感，减轻公貉的恐惧心理，温柔地抚摸种公貉的阴茎根和阴茎体，以防种公貉惊慌和紧张而影响采精质量。然后，采精员左手握集精杯，用右手拇指、食指和中指捏住阴茎根与阴茎体之间的部位，适度、有节奏地滑动按摩，由慢变快施以按摩，要看公貉的感觉（每只公貉适应采精的节奏和力度是不一样的，适应节奏慢的就不要快，应根据种公貉的性反应灵活掌握）。当种公貉阴茎即将勃起时，阴茎体的后端很快鼓起1个疙瘩（肉球），这就是阴茎球海绵体，随着海绵体的膨胀，采精员的右手指后移，刺激它的后端，使种公貉达到性高潮，采精员手握集精杯，及时接近已勃起的龟头，轻轻将龟头导入集精杯内，待公貉射精时收集精液。将采集到的精液及时塞上无菌胶盖，送入精液检查室。

种公貉采精要每隔1～2 d采一次，连续采精会使种公貉的精子数量下降，精子畸形率偏高，公貉阴茎容易受伤，易患包皮炎。切忌按摩时用力过大或粗暴对待公貉。

四、精液品质检查

精液品质检查是判定精液品质、确定精液稀释倍数和输精量的科学方法，是确保受精质量的有力手段，可避免因精子质量不好而造成母貉不孕。检查精液品质应在 20～25 ℃的室内进行，温度过低会影响精子的活力，还可能对精子活力产生错误判定。吸取精液 1 滴，放在载玻片上，用盖玻片自然盖好，不要按压，以四边无溢出为宜。如有溢出，则说明取出的精液过多；如精液加盖片后没有流到盖玻片边缘，则说明吸取的精液过少。涂好片后，用 400 倍显微镜观察，首先确定有无精子，然后观察精子的形态、活力及密度等。精子数量较多、运动活跃、呈直线运动、头尾分明、大小均匀、状如蝌蚪的为正常状态；缺头、断尾、双头、双尾等为不正常，属畸形精子；活力小于 70％的弃掉不用。经多次采精镜检，应将精子活力小于 70％或畸形精子多、无精液或残精活力差的种公貉淘汰。

五、精液存放

实践证明，存放精液的恒温箱或水浴锅的温度以 28～32 ℃为宜。从采精到输入母貉体内不应超过 3 h，最好是现采现输比较好，成功率高。异味和有害气体（如酒精、汽油、乙醚的蒸气，农药、煤烟或纸烟等形成的气体）对精子都有不良影响，所以人工授精室内禁止吸烟和放挥发性气体。

六、输精技术

母貉人工输精方法有两种：一种是把母貉放在输精台上，将母貉的脖颈卡在输精台夹板上，待输精。另一种方法是吊式输精：在距地面 1.8 m 的墙壁上钉上一条长 25～30 cm 的三角铁，三角铁的外头打眼安一个吊环（吊式输精），用抓貉钳将貉夹住后，将貉钳上的挂钩挂在三角铁上的吊环上，助手一手抓尾巴，另一手抓两条后腿，两条前腿悬空，待输精。实践证明，吊式输精方便、快捷。

待母貉保定后，用百毒杀或新洁尔灭浸泡的棉球擦洗 1～2 次发情母貉的外阴，再用灭菌蒸馏水浸泡的棉球擦洗 1～2 次，以减少消毒液对外阴的刺激。输精人员要穿好卫生服和戴防护帽，并戴上口罩，将手洗干净，用左手拇指和食指轻轻按压母貉阴部外缘，使母貉阴门裂开，便于阴道扩张管插入。输精者

的右手捏住已消毒好的阴道扩张管末端，将另一端徐徐捻转插入母貉阴道中，使扩张管的先端到达子宫颈附近，左手拇指与食指分开，以虎口向上托母貉后腹部探摸，右手捏住扩张管的末端，以外阴为支点上下活动，另一端在母貉腹腔内上下活动，左手摸索到在活动的扩张管后顺着扩张管往前摸，管头附近有肉疙瘩也随着扩张管在动，这就是子宫颈。将备好的输精针结合抽好精液的注射器，右手以执笔式捏着输精针管的外缘，输精针头上的尖端弯头朝上插入扩张管内，此时左手隔着软腹壁摸着扩张管的顶端找到并捏住子宫颈，左手感觉针的尖端到达子宫颈的下面，右手的无名指以扩张管作为支点，先向外抽针再向子宫颈口进针，输精针前端通过子宫颈 2～3 cm 即可，前后触摸子宫颈，如同串糖葫芦似的，上下活动输精针，可感觉针尖在一根管道里面，顺着管道往前摸到分岔处，这就是子宫角。确定了针尖在子宫里面后，将准备好的精液慢慢地注射进去，注射完后取下注射器，抽 0.3～0.5 mL 空气再通过输精针注入，用空气将输精针内残存的精液顶进子宫内。为防止精液从宫颈口外流，在注射精液的过程中，左手要捏住子宫颈，将输精针、扩张管抽出母貉体内后，子宫体恢复自然状态，再松开子宫颈，输精完毕。

第四节　产仔保活技术

一、影响貉繁殖力的因素

影响笼养貉繁殖力的因素主要有母貉的年龄、驯化程度、营养水平、受配次数、分娩时间及胎产仔数等。一般 1～3 岁母貉胎产仔数随年龄的增长而提高，3～5 岁母貉胎产仔数随年龄增长而减少，而仔貉成活率一般随母貉年龄增长而提高。驯化程度高、营养状况好的母貉胎产仔数较多，仔貉成活率较高。一般受配 2 次的母貉胎产仔数明显高于受配 1 次的，而受配 3 次的明显高于受配 2 次的，但受配 4～5 次则没有明显提高，说明母貉的受配次数以 3 次（持续 3 d）为宜。在正常分娩时间内，有分娩越晚仔貉成活率越高的趋势，而随胎产仔数的增加，仔貉的成活率有明显下降的趋势，说明母貉有限的泌乳能力在正常情况下只能满足一定数量仔貉生存的需要。另外，仔貉数量多时互相争食、挤压，也是导致成活率降低的原因之一。因此，对于产仔数量多的母貉，一定要将其部分仔貉给产仔数量少的母貉代养，以提高仔貉成活率。

二、提高貉繁殖力的综合技术

1. 选留优良种貉，控制貉群年龄结构，保证稳产高产　生产实践证明，
2～4 岁母貉的繁殖力较高。因此，在种貉群年龄组成上，应以经产适龄老貉
为主，每年补充的繁殖幼貉不宜超过 50％，种貉的利用年限一般为 3～5 年。

2. 准确掌握母貉发情期（性欲强），适时配种　这是提高繁殖力的关键。
因此，此期交配的母貉能排出较多的成熟卵子，精子与成熟卵子相遇受精的机
会也多，从而可以提高受胎率及产仔率。

3. 适当复配　保证复配次数，可以降低空怀率，提高产仔数。因为貉的
卵泡成熟不是同期的，增加复配可诱导多次排卵，同时也增加了受精的机会。
生产场提倡多公复配，增加复配次数，可以提高繁殖力。

4. 平衡营养，保持种貉良好的体况　为准确鉴定种貉体况，较科学的方
法是利用体重指数比较法。体重指数即体重（g）与体长（cm）的比值。较理
想的繁殖体况是 1 cm 体长的体重为 100～115 g（北方寒冷地区略高些，温暖
地区应偏低些）。

5. 合理、科学地使用饲料添加剂　这是发挥貉繁殖潜力的有效措施。维
生素和微量元素的供给，不仅是母貉配种、妊娠和产仔泌乳期所必需的，在准
备配种期和幼貉育成期也不可忽视，一定要适量提供。

6. 合理利用种公貉　即掌握公貉适当的交配频度，保证营养，中午要补
饲，使其在较短的时间内恢复体力；注意检查精液品质，这是保证交配质量、
提高公貉利用率的关键。

7. 加强种貉驯化　为正常、顺利配种和产仔泌乳创造有利条件，加强种
貉驯化对繁殖力提高有益，应从幼貉育成期开始，尤其是在准备配种期进行驯
化效果最好。

8. 加强日常饲养管理　按饲养管理的基本要求，加强日常的饲养管理工
作，这是提高貉繁殖力的基础和保障。

第五章
营养需要与常用饲料

第一节　貉的营养需求

和大多数畜禽一样，貉也需要获得多种营养才能维持机体的健康和生长发育、生产等机能。貉需通过食物获得的营养包括能量（碳水化合物）、蛋白质、脂肪、维生素、矿物质、水等。这些营养要素具有自身的特点和搭配参数，将在之后的文中进行介绍。

一、蛋白质

蛋白质是一种复杂的有机化合物，主要由碳、氢、氧、氮四种元素组成，有的也含有少量的硫。某些蛋白质还含有微量的铁、铜、碘、钙、磷等元素。蛋白质的基本结构单位是氨基酸，有 20 多种。动物对蛋白质的需要，实际上就是对 20 多种氨基酸的需要。氨基酸对貉来说，又分为必需氨基酸和非必需氨基酸。含有全部必需氨基酸的蛋白质，营养价值高，称为全价蛋白质。只含有部分必需氨基酸的蛋白质称为非全价蛋白质。

蛋白质在貉营养上具有重要的意义，因为它是构成貉机体各种组织的主要成分，特别是作为毛皮动物，生产优质毛皮更需要适宜的蛋白质营养，其作用是脂肪和碳水化合物所不能取代的。在生命活动过程中，各种组织需要蛋白质来修补和更新，精子和卵子的产生需要蛋白质，新陈代谢过程中所需要的酶、激素、色素和抗体等也主要由蛋白质构成。可见没有蛋白质就没有貉的生命。当日粮中碳水化合物和脂肪缺乏，热量供应不足时，貉体内蛋白质就会分解氧化产生热能。貉摄取多余蛋白质时，可以贮存在肝脏、血液和肌肉中或转化为脂肪贮存在体内，以便营养不足时利用。

凡在貉体内不能合成或虽能合成但合成的速度及数量不能满足其正常生理需要，因而必须由饲料供给的氨基酸，称为必需氨基酸。在貉体内可以由其他物质合成，或需要量较少，不必由饲料来供给的氨基酸，称为非必需氨基酸。一般认为貉的必需氨基酸有蛋氨酸、色氨酸、苏氨酸、缬氨酸、苯丙氨酸、亮氨酸、异亮氨酸；另外，因为胱氨酸与毛的生长直接有关，所以胱氨酸也是貉必需氨基酸。

绝大多数饲料中蛋白质的氨基酸是不完全的，不是缺这一种就是少那一种。所以日粮中饲料种类单一时，蛋白质利用水平就不高。当两种以上饲料混合搭配时，所含的不同氨基酸就会彼此补充，使日粮中必需氨基酸趋于完全，从而提高饲料蛋白质的利用率和营养价值。这种作用称为蛋白质互补作用。貉饲养实践中，蛋白质互补作用见表 5-1。

表 5-1　貉饲料蛋白质的互补作用

蛋白质来源	氨基酸的互补作用
鱼类和肉类	鱼类色氨酸和组氨酸少，而肉类多
鱼类和肉类下杂（无肝肾心）	肉类下杂蛋氨酸、异亮氨酸少，而鱼类多
鱼类和禽、兔副产品	鱼类亮氨酸少、赖氨酸多，而禽、兔副产品相反
肉类和肉类下杂（无肝肾心）	肉类色氨酸、组氨酸、蛋氨酸较多，而肉类下杂少
肉类或肉类下杂和谷物	谷物赖氨酸少，而肉类或肉类下杂赖氨酸多
玉米和乳类	玉米色氨酸、赖氨酸少，乳类色氨酸、赖氨酸多
玉米和鱼类	玉米赖氨酸少，鱼类赖氨酸多
小麦和酵母	小麦赖氨酸少，酵母赖氨酸多
玉米、小麦和大豆	色氨酸在玉米中少，在小麦、大豆中多；赖氨酸在玉米、小麦中少，在大豆中多；蛋氨酸在大豆中少，在玉米、小麦中多
鱼类和动物肝脏	鱼类色氨酸、苯丙氨酸少，而动物肝脏多
干鱼类和乳、蛋类	乳类和蛋类可补充干鱼被破坏的蛋氨酸和赖氨酸

以下因素会直接影响貉对饲料蛋白质的消化利用率。

1. 饲料中粗蛋白质的数量和质量　饲料中蛋白质不足或质量差时，貉机体会出现负氮平衡，造成机体蛋白质入不敷出，对生产不利。当貉长期缺乏蛋白质时，会造成贫血，抗病力降低。幼貉生长停滞，水肿，被毛蓬乱，消瘦；种公貉精液品质下降；母貉性周期紊乱，不易受孕，即使受孕也容易出现死胎、产弱仔等。但如果饲料中蛋白质水平过高，也会降低貂对蛋白质的利用率，养殖效果不佳反而浪费饲料。

2. 饲料中粗蛋白质与能量的比例关系　日粮中脂肪、碳水化合物等非蛋白质能量源含量过低时，会加快机体内蛋白质的分解，从而提高尿中含氮物质排出量。还会因为能量水平过低，促使貂采食量提高，提高饲养成本。

3. 饲料加工调制方法　合理的调制方法，也对日粮蛋白质利用有着直接影响，如谷物饲料经熟制或膨化后植物性蛋白利用率会显著提高。

二、脂肪

粗脂肪是饲料分析领域对所有能用乙醚提取的物质的总称。粗脂肪包括脂肪、油和类脂化合物等。脂肪是构成机体的必需成分。如生殖细胞中的线粒体的组成成分主要是磷脂，神经组织含有大量的卵磷脂和脑磷脂，血液中含各类脂肪，皮肤和被毛中含有大量中性脂肪、磷脂、胆固醇等。脂肪是动物体热能的主要来源，也是能量的最好贮存形式。1 g脂肪在体内完全氧化可产生38.9 kJ的热量，比碳水化合物高2.25倍。脂肪参与机体的许多生理机能，如消化吸收、内分泌、外分泌等。脂肪还是维生素 A、维生素 D、维生素 E、维生素 K 等良好溶剂，这些维生素的吸收和运输都是依靠脂肪进行的，所以又被称作脂溶性维生素。

脂肪酸是构成脂肪的重要成分，可分为饱和脂肪酸和不饱和脂肪酸两大类。饱和脂肪酸的化学性质比较稳定，构成的脂肪熔点高，碘化值低，不容易被氧化，常温下呈固体状态。不饱和脂肪酸化学性质极不稳定，在脂肪中含量越高，则熔点越低，碘化值越高，容易氧化变质。

动物体生命活动所必需，但体内又不能或不能大量合成的，必须从饲料中获得的不饱和脂肪酸，称为必需脂肪酸。在毛皮动物饲料中，亚麻二烯酸、亚麻酸和二十碳四烯酸是必需脂肪酸。实践证明，在繁殖期日粮中不仅要注意蛋白质，对脂肪也不能忽视。必需脂肪酸的供给和必需氨基酸同样重要。

脂肪极易酸败氧化，酸败后对貂机体危害很大。脂肪的氧化酸败是在贮存过程中所发生的复杂化学反应。其特征是脂肪颜色较正常时明显变黄，味道发苦并出现特殊的臭味。酸败的脂肪和分解产物（过氧化物、醛类、酮类、低分子质量脂肪酸等）对貂健康十分有害。由于它们直接作用于消化道黏膜，使整个小肠发炎，造成严重的消化障碍。酸败的脂肪分解破坏饲料中的多种维生素，使幼貉食欲减退，生长发育缓慢或停滞，破坏皮肤健康，出现脓肿或皮疹，降低毛皮质量，尤其貉在妊娠期对变质的酸败脂肪更为敏感，会造成死胎、烂胎、产弱仔及母貉缺乳等后果。

三、碳水化合物

碳水化合物是一类含碳、氢、氧三种元素的有机物，其中氢和氧的比例是2：1，与水相同，所以习惯上被称为碳水化合物。碳水化合物的主要功能是提供能量，剩余部分则在体内转变成脂肪贮存起来，作为能量储备。碳水化合物虽不能转化为蛋白质，但合理增加碳水化合物饲料可以减少蛋白质的分解，具有节省蛋白质的作用。但当日粮中碳水化合物过高时，日粮中蛋白质相对百分含量就要降低，对貉不但无益反而有害。

四、矿物质

矿物质，也称灰分，是饲料分析时通过高温燃烧除去有机物后剩余的无机物质的总称。虽然貉机体内矿物质含量并不高，为 3％～5％，但是矿物质对貉营养和生理的作用却十分重要。作为机体细胞的组成成分，细胞的多种重要机能，如氧化、发育、分泌、繁殖等都需要矿物质参与。矿物质对维持机体各组织的机能，特别是神经和肌肉组织的正常兴奋性有重要作用。矿物质也参与食物的消化和吸收过程，如胃液中的盐酸及胆汁中的碱性钠盐，对各种营养物质的消化吸收都是必需的。矿物质还在维持水的代谢平衡、酸碱平衡、调节血液正常渗透压等方面有重要生理作用。

1. 钙和磷　主要功能是构成动物的骨骼和牙齿，还有一部分存在于血清、淋巴液及软组织中。幼貉、妊娠及哺乳母貉需要量较大。另外貉对钙和磷的吸收是按一定比例进行的，钙和磷的适宜比例一般为（1～2）：1。骨粉是较好的矿物质补充饲料，其中含 30％以上的钙、15％以上的磷。碳酸钙、乳酸钙、蛎壳粉、蛋壳粉是钙的主要补充饲料，磷酸氢钙可用于补磷。

2. 钾、钠和氯　钾是细胞的主要成分，存在于貉的各种组织中，特别在肌肉、肝脏、血细胞和脑中含量较多。缺钾会直接导致幼貉肌肉难以充分发育，心脏机能失调，食欲减退，生长发育受阻。钠则能保持细胞与血液间渗透压平衡，维持机体内的酸碱平衡，使体内组织保持一定量的水分，同时对心肌的活动也有重要调节作用；氯在机体中分布较广，大部分存在于血液和淋巴液中，另一部分以盐酸的形式存在于胃液中。氯缺乏时，貉胃液中盐酸就要减少，食欲明显减退，甚至造成消化障碍。鱼、肉类饲料中钾含量十分丰富，一般不会发生缺乏。为保证钠和氯的需要，可在饲料中添加适宜水平的食盐，每只每天 2～3 g 即可。

3. 其他　除以上介绍的矿物质，貉还需要铁、铜、钴、碘、锰、镁、硒、锌、硫等元素。铁、铜、钴都是机体造血所不可缺少的元素，起协同作用。血红蛋白、肌红蛋白及各种氧化酶的组成都有铁，与血液中氧运输，细胞内的生物氧化过程有密切关系。铜虽不是血红蛋白的主要组成成分，但对其形成有催化作用；另外，铜还和骨骼的发育、中枢神经系统的正常代谢有关，也是机体内多种酶的组成物和活化剂。钴是维生素 B_{12} 的组成物，缺乏时可影响铁的代谢。锰的作用则主要包括促进体内钙、磷代谢，以及骨髓的形成、生殖、胚胎发育等方面生理功能的正常进行。碘是甲状腺形成甲状腺素所必需的元素。缺碘时主要表现为甲状腺肿及代谢机能降低，生长发育受阻，丧失繁殖力。锌是构成碳水解酶的金属元素，起着催化体内碳化物合成及分解作用。镁大部分存在于骨骼中，和钙、磷及碳水化合物的代谢密切相关，在镁供给不足时，会导致骨骼钙化异常，发生神经性震颤。硒具有抗氧化等与维生素 E 相近的生理作用，二者能互相协调，但不能互相代替。硫不仅是含硫氨基酸的构成成分，缺乏会诱发貉"食毛症"；还参与碳水化合物代谢，缺硫会影响胰岛素的正常功能，导致血糖增高。

五、维生素

维生素是维持动物机体正常生理机能所必需的低分子有机化合物。与其他成分相比，它在饲料中的含量很低，但却是必不可少的。饲料中一旦缺乏维生素，就会使动物机体生理机能失调，出现各种相应的维生素缺乏症，所以维生素是维持生命的营养要素。

维生素可分为脂溶性维生素和水溶性维生素两大类：脂溶性维生素是一类能溶于脂肪而不溶解于水的维生素，主要有维生素 A、维生素 D、维生素 E、维生素 K 等；水溶性维生素则包括 B 族维生素、泛酸、叶酸、生物素、胆碱及维生素 C 等，这类维生素都能溶解于水。

（一）脂溶性维生素的生理作用

1. 维生素 A　可促进细胞的增殖和生长，保护各器官上皮组织结构的完整和健康，维持正常视力；可促进幼貉生长，使骨骼发育正常和加强对各种传染病的抵抗力；参与性激素的形成，提高繁殖力。缺乏维生素 A 时，会引起幼貉生长发育停滞，表皮和黏膜上皮角质化，严重时影响繁殖力和毛皮品质。维生素 A 存在于动物性饲料中，以海鱼、乳类和蛋类中含量较多。成年貉每天每只供给量为 800～1 000 IU，补喂维生素 A 的同时增加脂肪和维生素 E 会提高其利用率。

2. 维生素 D   又称抗佝偻病维生素，对维持正常的钙、磷代谢十分重要，缺少时影响钙、磷吸收，不仅会导致软骨症，还会严重影响动物繁殖机能。维生素 D 主要靠鱼肝油供给，动物肝脏、乳类、蛋类中也含有。成年貉每只每天维生素 D 供给量应不低于 100 IU。

3. 维生素 E   又称生育酚、抗不育维生素，是一种有效的抗氧化剂，对维生素 A 具有保护作用，参与脂肪的代谢，维持内分泌腺的正常机能，使生殖细胞正常发育，提高繁殖性能。发生维生素 E 缺乏时，母貉虽能怀孕，但胎儿很快就会死亡并被吸收；公貉精液品质下降，精子活力降低，数量减少，乃至消失。此外，维生素 E 缺乏会引起机体脂肪代谢障碍，导致貉发生尿湿症。幼貉生长期及种貉繁殖期对维生素 E 需求较高，每只每天需供给 3～5 mg，其他时期可酌减。植物籽实的胚油含有丰富的维生素 E，在貉饲料中添加适量的植物油可以提供貉所需部分维生素 E。

4. 维生素 K   又称抗出血维生素，是维持血液正常凝固所必需的物质。天然维生素 K 有 K_1 和 K_2 两种，维生素 K_1 主要存在于青绿植物中，维生素 K_2 主要存在于微生物体内。人工合成的维生素 K 即甲基萘醌，称为维生素 K_3。貉维生素 K 缺乏症比较少见，但肠道机能紊乱或长期使用抗生素，抑制了肠道中微生物活动，而使维生素 K 的合成减少时，偶尔也有发生。维生素 K 缺乏时表现为口腔、齿龈、鼻腔出血，粪便中有黑红色血液，剖检时可见到整个胃肠道黏膜出血。饲料中保证供给新鲜蔬菜即可预防维生素 K 的缺乏。

（二）水溶性维生素的生理作用

1. 维生素 B_1 又称硫胺素或抗神经炎维生素。貉机体基本上不能合成维生素 B_1，全靠日粮摄入来满足需要，每只貉每天需要量为 3～5 mg。缺乏时，碳水化合物代谢强度及脂肪利用率迅速减弱，出现食欲减退、消化紊乱以及后肢麻痹、强直震颤等多发性神经炎症状。母貉怀孕期缺乏维生素 B_1，产出的仔貂色浅，生活力弱。糠麸类、豆粉、内脏、乳、蛋及酵母中维生素 B_1 含量较高。

2. 维生素 B_2　又称核黄素，主要有氧化还原功能，氧化基质，产生能量。维生素 B_2 广泛存在于青绿植物、牧草、乳、蛋及酵母中。缺乏维生素 B_2 时，动物肝线粒体中氧化脂肪酸的酰基辅酶 A 脱氢酶活性显著下降，脂肪酸氧化受阻，细胞膜脂质过氧化，多种维生素辅酶合成受影响，红细胞生活周期缩短。幼貂发生口腔黏膜充血、口角发炎、流涎、厌食、腹泻等疾病，貂每只每天供给量为 2～3 mg。

3. 维生素 B_6　又称吡哆醇、抗皮肤炎维生素，酵母、籽实、肝、肾及肌肉中含量较高。缺乏时表现痉挛，生长停滞，并出现贫血和皮肤炎。

4. 烟酸　又称维生素 PP、尼克酸、抗癞皮病维生素等。进入血液后的烟酸转变为烟酰胺，进而由烟酰胺合成烟酰胺腺嘌呤二核苷酸（NAD，辅酶Ⅰ）和烟酰胺腺嘌呤二核苷酸磷酸（NADP，辅酶Ⅱ），NAD 和 NADP 是动物体内许多脱氢酶的专一性辅酶，在组织、细胞内起传递氢的作用，在动物能量代谢中具有重要作用。烟酸缺乏时，出现食欲减退、皮肤发炎、被毛粗糙等症状。

5. 维生素 B_3　又称泛酸，缺乏时幼貂虽有食欲，但长发育受阻，体质衰弱；成年貂缺乏维生素 B_3 时严重影响繁殖，冬毛期毛绒变白。

6. 维生素 B_{12}　又称抗贫血维生素，因为它含有钴，又称钴胺素或氰钴维生素。它的主要作用是调节骨髓的造血过程，与红细胞成熟密切相关。缺乏时，红细胞浓度降低，神经敏感性增强，严重影响繁殖力。维生素 B_{12} 仅存在于动物性饲料中，以肝脏含量较高。只要动物性饲料品质新鲜，一般不致缺乏。

7. 叶酸　又称维生素 B_{11}，其辅酶形式为一碳单位（甲基、亚甲基、甲酰基、亚胺甲基等）的载体，所以对甲基转移及甲酰基和甲醛的利用十分重要；同时叶酸还作用于氨基酸互变，如同型半胱氨酸转变为蛋氨酸等，所以叶酸对蛋白质合成意义重大；另外，叶酸对免疫系统维持正常功能十分重要；还是防止恶性贫血的一种维生素。在绿色植物中含量丰富，豆类和一些动物性饲料中也富含叶酸。

8. 维生素 H　又称生物素，对机体各种有机物质的代谢均有影响，广泛存在于富含蛋白质及青绿饲料中。

9. 维生素 B$_4$　又称胆碱。当缺乏时，肝脏中会有较多的脂肪沉积，形成脂肪肝病，也会引起幼貉生长发育受阻，母貉乳量不足。天然脂肪饲料中均含有胆碱。

B 族维生素的作用如此重要，而貉却没有合成 B 族维生素的能力，必须从饲料中摄取，所以饲料中 B 族维生素的含量必须予以高度重视。

10. 维生素 C　又称抗坏血酸或抗坏血维生素，参与细胞间质的生成及体内氧化还原反应，并具有解毒作用。维生素 C 缺乏时，仔貉会发生红爪病。青绿多汁饲料及水果中维生素 C 含量丰富，貉每只每天供给量为 30～50 mg。

六、水

水是动物不可缺少的营养物质。水是机体中各种物质的溶剂，大多数营养物质必须溶于水后才能被机体吸收和利用。同时貉生命活动过程中所产生的代谢废物，也只有溶于水并通过水溶液的形式排出体外；水可直接参与机体中各种生物化学反应，调节体温；水存在于各组织细胞中，使细胞保持一定形状、硬度和弹性；水能润滑组织，减缓各脏器间的摩擦和冲击等。动物缺水比缺食物反应敏感，更易引起死亡，所以人工养貉必须保证供给充分、洁净的饮水。

第二节　貉常用饲料与典型日粮

一、貉常用饲料的种类、营养特点

作为杂食动物，貉的饲料种类繁多，习惯上将这些饲料分为动物性饲料、植物性饲料及添加剂饲料，详见表 5-2。

表 5-2　貉常用饲料分类表

大类	小类	种类
动物性饲料	鱼类饲料	各种海鱼、淡水鱼
	肉类饲料	各种家畜肉
	鱼、肉副产品	鱼、虾类及肉类加工副产品（头、蹄、下水等）
	干动物性饲料	鱼干、肉干、血粉、肝粉、肉骨粉、鱼粉、膨化羽毛粉
	乳、蛋类饲料	乳副产品，蛋、毛蛋等

（续）

大类	小类	具体包括
植物性饲料	作物类饲料	各种谷物
	饼粕类饲料	各种饼粕及谷物加工副产物
	果蔬类饲料	便宜的水果、蔬菜及可食野菜
添加剂饲料	维生素饲料	各种维生素
	矿物质饲料	盐、骨粉、贝壳粉及人工配制的微量元素
	氨基酸	多种易缺乏的限制性氨基酸
特种饲料	药品	抗生素、抗氧化剂等

1. 动物性饲料　包括家畜、家禽、野兽、野禽的肉及其副产品，鱼类及其他水产动物，乳品，蛋类及饲料酵母等。主要是提供动物性蛋白质。

（1）肉类饲料　是营养价值很高的全价蛋白质饲料。貉几乎对所有动物的肉类均采食。瘦肉中各种营养物质含量丰富，适口性强，消化率也高，是最理想的饲料。新鲜的肉类生喂，消化率及适口性都高，对来源不清或失鲜的肉类应该进行无害处理后熟喂。熟制后由于蛋白质凝固，消化率降低，重量也有所损耗，所以熟制比生喂时饲喂量增加 10% 左右。

鲜骨也是貉的肉类饲料的一部分，含粗蛋白质约 20%，能量 5 023 kJ/kg，有利用价值。用鲜碎骨及肋骨、小骨架（鸡、兔骨架）喂貉时，可连同残肉一起粉碎饲喂。较大的骨架可用高压锅或蒸煮罐高温软化以后用之。鲜骨喂量一般占动物性饲料的 10%～15%。

兔肉是一种高蛋白、低脂肪的优质饲料，利用兔肉及其下杂喂貉效果均较理想。当地具有丰富原料来源供应地区的专业户，应充分利用当地丰富的养殖废弃物资源。这样既可减少环境污染和资源浪费，又可解决一部分饲料供应，降低成本。但要注意的是，不要用腐败变质的屠宰废弃物喂貉，尤其是对来源不明的坚决不能使用。否则，貉吃了腐败变质的饲料容易中毒，甚至有死亡的危险。同时对各种屠宰废弃物应进行无害处理后饲喂，以免感染传染病或寄生虫病等。

（2）畜禽副产品　动物的头部、四肢的下端和内脏称为副产品，也称畜禽下杂。

肝是貉理想的全价肉类饲料。肝含 19.4％的蛋白质、5％的脂肪、多种维生素和矿物质（铁、铜等），是貉繁殖期及仔、幼貉育成期的必要饲料。肝宜生喂，可占动物性饲料的 15％～20％。由于肝有轻泻性，饲喂时应逐渐增量，以免引起稀便。

肾和心脏也是貉全价蛋白质饲料，但较肝脏差些。肾脏、心脏含有丰富的维生素，生喂时营养价值和消化率均较高。

肺是营养价值不大的饲料，蛋白质不全价，矿物质不多，结缔组织多，消化率低。肺脏对胃肠还有刺激性作用，易引发呕吐现象。肺脏含有铁和少量的维生素。肺应熟喂，喂量可占动物性饲料的 10％～15％。

胃、肠均可喂貉，但营养价值不高，粗蛋白质含量为 14％，脂肪含量为 1.5％～2％，维生素和矿物质的含量更低。新鲜的胃、肠虽适口性强，但胃、肠中常有病原性细菌，所以应灭菌熟喂。胃、肠可代替部分肉类饲料，但其喂量不能超过动物饲料的 30％，口粮中如配有胃、肠饲料时，应适当增加饲料量。

脑含有大量的卵磷脂和各种必需氨基酸（如酪氨酸、胱氨酸、亮氨酸等）。饲喂脑对貉的生殖器官发育有促进作用，所以常称为催情饲料，准备配种期和配种期应适当喂给。脑对貉毛绒生长也有一定好处。

血的营养价值较高，含蛋白质 17％～20％和大量易于吸收的矿物质元素（如铁、钾、钠、氯、锰、钙、磷、镁等），还有少量的维生素等。血最好鲜喂，陈血要熟喂，血粉和血豆腐可直接混于饲料内投给，日粮中血可占动物性饲料的 10％～15％。因血中含有无机盐，对貉有轻泻作用，所以不宜超量饲喂。熟制血比鲜血消化率低。

禽类的副产品，如头、内脏、骨架等均可喂貉，但一定要清洗。这类饲料可按动物性饲料量的 20％左右给予。有些禽副产品，如鸡蛋包等，可能含有雌性激素，饲喂前必须经高温处理，否则会对貉的繁殖有不良影响。

（3）鱼类饲料　种类繁多，除一些有毒鱼，大部分淡水鱼和海鱼均可作为貉的饲料。有些鱼类含水分多，内脏大，有苦味，营养价值低，适口性差，需要控制其在饲料中的使用比例。鱼类饲料含动物性蛋白较高，脂肪也比较丰富，并含有维生素 A、维生素 D 及矿物质等，其消化率几乎与肉类饲料相同（仅比牛肉消化率低 2％～3％）。海杂鱼类饲料来源广，价格相对低，又能满足貂各生物学时期的营养需要，所以可常年作为貂的动物性饲料使用。

鱼类饲料因种类不同，其营养价值不同，含热量也有很大差异。海杂鱼一般含能量 1 525～3 767 kJ/kg。动物性饲料以鱼类为主时应注意脂肪的含量，在繁殖期应喂给质量较好的鱼类（如海鲇、偏口鱼等），秋、冬换毛季节应喂些脂肪含量较高的鱼类（如带鱼），其他时期可喂些廉价的杂鱼。

鱼类饲料生喂比熟喂营养价值高，但部分海鱼（如红娘鱼、虾虎鱼、香鱼等）和淡水鱼中因含有硫胺素酶，可破坏维生素 B_1，均应熟制后喂，熟制后能破坏硫胺素酶。如果这些鱼类质量很好，考虑煮熟后会降低其营养价值，可采取生、熟交替饲喂方法，或者喂这些鱼时不供给含维生素 B_1 饲料，不喂这些鱼类时再供给含有维生素 B_1 的饲料。鱼类饲料应尽量与肉类饲料（下脚料等）混合喂给为宜。饲喂鱼类饲料时，一定要求不变质，因为脂肪酸败的鱼类产生过氧化物，分解出毒素，可以破坏饲料中的各种营养物质，喂后易引起食物中毒。饲喂脂肪酸败的鱼类还会引起脂肪组织炎、出血性肠炎、维生素缺乏症等。

（4）乳品和蛋类饲料 乳品类饲料包括牛、羊鲜乳和酸凝乳、脱脂乳、乳粉等乳制品。乳品类是营养价值极为丰富的全价饲料，含有貂易于消化和吸收的各种营养物质，包括蛋白质、脂肪、多种维生素、矿物质等。乳品类能提高其他饲料的消化率和适口性，乳品类饲料是貂子繁殖期的优良饲料，它可以促进母貂的泌乳和仔貂的生长发育。如给予乳品类饲料时，在日粮中不应超过总量的30%，过量易引起下痢。

乳品类尤其是鲜乳，是细菌发育的良好环境，热天更易酸败，所以对乳品类饲料要注意保存，禁用酸败变质的乳品喂貂。鲜乳要加温（70 ℃，10～15 min）灭菌，待冷却后搅拌入混合饲料中。

蛋类饲料也是营养极为丰富的全价饲料，蛋清中的蛋白质含量高于肉类饲料，蛋黄含有维生素和磷脂。蛋类容易消化和吸收，在混合饲料中可以提高含氮物质的消化率。短期喂给蛋类可以生喂，但因蛋清里面含有卵白素，有破坏维生素的作用，所以不宜长期生喂，半熟后饲喂可以消除卵白素的不良作用。蛋类饲料应在繁殖期作为补饲饲料。

（5）其他动物性饲料 蚕蛹是缫丝业的副产品，也是喂貂的好饲料。蚕蛹一般有去脂蚕蛹和全脂蚕蛹两种，全脂蚕蛹比去脂蚕蛹含能量高。全脂蚕蛹含粗蛋白质 55%～65%，脂肪 16%～24%，碳水化合物 6%～8%，水分 8%～10%，灰分 1%～2%，含能量 16 000～18 000 kJ/kg。蚕蛹营养价值很高，根据氨基酸的测定，其全价性与瘦肉近似。貉对其消化和吸收也很好，但蚕蛹含有貉不易消化的蛹皮，所以用量不宜过多，一般可占日粮的 20%。蚕蛹含有不饱和脂肪酸，适量喂皮貉可增加毛绒光泽。蚕蛹内缺乏矿物质和维生素，所以蚕蛹应与蔬菜、麦芽等青饲料及乳品类饲料混合饲喂。日粮中如有鱼肝油时，应与蚕蛹分开饲喂，防止对维生素 A 的破坏。饲喂蚕蛹时，应蒸熟后和其他饲料一并绞制。若蚕蛹是干燥的，可先粉碎，再与谷物粉混合熟制，混于饲料中。在日粮中利用 100 g 全脂蚕蛹，可适当减少 39～40 g 的谷物饲料，因为蚕蛹脂肪含量多，可以减少碳水化合物的饲喂量。

蚕蛹含脂肪量大，易氧化变质。腐烂的蚕蛹若被貉吃掉，会引起胃肠炎、下痢和中毒现象，所以蚕蛹应在低温冷库中保存，以免变质。

新鲜的蚯蚓含蛋白质 20%（比牛肉高 2.9%，比猪肉高 4%），还含多种必需氨基酸，是貉优良的动物性饲料。因此，有条件的地方可以养蚯蚓喂貉。养蚯蚓方法很简单，用旧木箱、缸或水泥槽，内装肥沃湿潮泥土，放进少量种蚯蚓，投以饲料使其生长繁殖，上面盖上草袋或塑料布即可。加工方法：从土中挖出蚯蚓，放清水中养 1～2 d，让其排净消化腔中泥土，再用清水洗净，煮熟，加入其他饲料中一块绞制。

（6）干制动物性饲料 干制动物性饲料很多，如鱼干、肝渣粉、鱼粉、血粉、干毛蚶、干肉渣等。使用干动物饲料时，大部分要彻底水浸和洗出盐分才能饲喂。一些质量较好的干粉类可直接混于饲料中，在利用干制饲料时，最好加少量鲜血、鲜奶，这样既能提高适口性又能提高干制饲料的营养价值。

（7）饲料酵母 目前可用于饲料的酵母很多，如石油酵母、核酸酵母、味精酵母、纸浆废液酵母等，其蛋白质含量为 40%～60%，B 族维生素含量也较高，是貉的动物性蛋白质饲料的良好替代品。饲料酵母的供给量，可代替日粮中动物性蛋白质的 30% 左右。但酵母中脂肪含量低，大量利用酵母时，要增加脂肪的供给。

2. 植物性饲料 包括各种谷物、油料作物和各种蔬菜水果，是碳水化合物的重要来源，也是貉能量的基本来源。

（1）谷物类饲料　一般喂给貉的谷物类饲料有玉米面、全面粉、麦麸、高粱面、豆面、豆饼、花生饼、向日葵饼、亚麻油饼、棉籽饼、菜粕等。其中，油料作物中含有35％～48％的粗蛋白质，有利于毛绒生长的含硫氨基酸——胱氨酸和蛋氨酸，以及某些必需的不饱和脂肪酸。但各种油料作物含有5％～14％纤维素，用量不宜过多，不超过谷物饲料的30％。貉在不同饲养时期对谷物的需要量也不同，一般日粮中按50％～55％熟制品的比例搭配。谷物类饲料以粉的形式熟制后饲喂，因为植物性饲料经粉碎和高温蒸制或烘烤后能将细胞壁破坏，使营养物质能直接受消化酶的作用被消化和吸收。各种谷物饲料混合饲喂，能提高营养价值。豆类和麦麸的纤维含量较高，有刺激胃肠道、加强其蠕动和分泌的作用，喂量不宜超过谷物饲料总量的30％，否则会使貉发生消化不良和下痢。豆类含抗营养因子，更应熟制后饲喂。

（2）果蔬类饲料　包括各种蔬菜、野菜和次等水果。喂貉常采用的蔬菜有白菜、大头菜、油菜、菠菜、甜菜、莴苣、茄子、角瓜、番茄、蒲公英、胡萝卜、大葱、大蒜等，也可用豆科牧草和绿叶。果蔬类饲料对养貉有特殊的意义。它是维生素C、维生素E和矿物质的重要来源。另外，可以帮助消化，增强饲料适口性。果蔬类饲料含有大量的水分，属于碱性饲料，所以具有调节饲料容积和平衡酸碱度的功能，对母貉的怀孕及泌乳都有良好的作用。果蔬类饲料含能量不多，在合理的日粮配合中仅占3％～5％（能量比）。

3. 饲料添加剂　是补充貉必需的而在一般饲料中不足或缺少的营养物质，如维生素、矿物质、微量元素等。

（1）维生素饲料　目前使用较多的维生素饲料有鱼肝油、酵母、麦芽、棉籽油及其他含有维生素的饲料。使用精制维生素时，要注意是否潮解或变质。鱼肝油是维生素A和维生素D的主要来源。鱼肝油可每只每天按800～1 000 IU（维生素A量）投给，饲喂时最好是在分食后滴入盆内。如果喂饲浓缩或胶丸状精制的鱼肝油时，需用植物油低温稀释。如果常年有肝脏和鲜海鱼饲喂时，可不必补给鱼肝油。禁喂变质的鱼肝油。鱼肝油中的维生素A易被氧化破坏，保管时应注意密封，置于阴凉、干燥和避光处，不宜使用金属容器保存。使用鱼肝油要注意出厂日期，以防久存失效，带来有害影响。

小麦芽是维生素 E 的重要来源，并含有矿物质（磷、钙、锰和少量的铁），是貉繁殖期不可缺少的饲料。小麦芽的生法：将淘洗干净的小麦倒入有少许食盐的清水中，浸泡 $10\sim15$ h，捞出后平铺于木盘内，厚 1 cm，盖上纱布，放于 $15\sim20$ ℃的避光处。每天洒水 2 次，保持清洁和麦粒湿润。经 $3\sim4$ d 即生出淡黄色麦芽。一般 1 kg 小麦可生出 2 kg 黄色麦芽，每 100 g 黄色麦芽含维生素 E $25\sim30$ mg。饲喂时应注意禁喂根部霉烂的麦芽。

棉籽油也是维生素 E 的重要来源。每 100 g 棉籽油含维生素 E 300 mg。喂貉时应采用精制棉籽油，因为粗制棉籽油中含有毒素棉酚。

酵母不但是 B 族维生素的重要来源，而且是浓缩的蛋白质饲料。酵母是养貉场可常年采用的精饲料补充料。经常使用的酵母有面包酵母、啤酒酵母、饲料酵母、药用酵母。在使用酵母时，除药用酵母外，均需加温处理以杀死酵母中所含有的大量活酵母菌，否则貉采食酵母菌后，会发生胃肠臌胀甚至死亡。另外，不加温处理的活酵母仅有 17% 的维生素能被利用，经加温处理后的酵母，其维生素可全部被利用。但 B 族维生素遇碱和热都会受到破坏，所以灭菌时用 $70\sim80$ ℃热水浸烫 10 min 即可。如果确属无活菌的酵母（如饲料酵母），也可不经加温处理，用水溶化后即可饲喂。如和蔬菜一起搅拌，喂饲效果更佳。使用酵母时，要与碱性的骨粉分开喂饲。日粮中供给干酵母时，每头可按 $5\sim8$ g 计算，如用液态酵母应增加 $5\sim7$ 倍量。日粮中以肉类为主时，酵母可以减量供给；以鱼类为主时，酵母应增量喂给。

（2）矿物质饲料　貉需要的矿物质饲料，有些在一般饲料中可以满足，有些则需适当补给。矿物质饲料包括骨粉、食盐等。骨粉是骨骼经干燥后磨成的粉，是钙和磷的主要来源。骨粉含钙量为 40%、磷 20%。骨粉比骨灰要好得多。骨粉需常年供给，尤其是繁殖季节，对母貉或育成貉更为重要，要提高供给量，每只每天 $10\sim15$ g。日粮中若能供给鲜碎骨或以鱼为主要饲料，可不加骨粉。食盐，一般每只每天供给量为 $2\sim3$ g，如果日粮以海杂鱼为主时，食盐可以减少或不加，因为海杂鱼含的盐分基本能够满足貉的生理需求。

（3）氨基酸饲料　虽然貉的饲料以动物性为主，但是因为原料的季节性、质量波动性，以及因为生产周期变化貉对营养需求也不尽相同，所以根据不同生产时期貉的营养需求特点，适当地在其日粮中补充氨基酸，如冬毛期需要补充适量的氨基酸，而幼貉生长期则需要关注赖氨酸和苏氨酸的需求。

4. 特种饲料　貉除需要常规饲料外还需要一些特种饲料。这些饲料既不是貉生命活动所必需的营养物质，也不是饲料中的营养成分，但也对貉的机体和饲料有良好作用，如抗生素和抗氧化剂。

二、貉饲料的贮存与加工技术

因为貉的饲料包括多种动物性和植物性原料，多数不是常年容易获得或有着季节性丰歉，因此从保证饲料原料稳定供应和避免高价位采购必需饲料原料角度考虑，需要积极做好貉饲料原料的贮存工作。此外，不同的饲料原料需要通过不同的加工方法，以提高营养物质吸收利用率和降低有害或不利物质的活性，从而实现饲料综合利用效率的提升。

（一）貉饲料的贮存

1. 鲜肉、鱼饲料的贮存　因为蛋白质、脂肪等营养物质含量较高，同时水分充足，所以一旦贮存方法不当，鲜肉、鱼等饲料原料往往易变质腐败。因此，应采用有效办法，延长饲料的保鲜时间。通常采用的方法有以下几种。

（1）低温贮藏　低温可以杀死或抑制微生物对饲料的分解作用，防止饲料变质或产生有害物质。有条件的地方可用较大的冷库或购置低温冷箱贮藏饲料，如果没有条件也可因地制宜修建各种土冰窖，降低环境温度，延长饲料保质期。

（2）高温贮藏　高温可有效杀灭多种致病微生物。新购回的新鲜鱼、肉，如果不能一次喂完，可将剩余鱼肉放锅中蒸熟或煮熟，取出存放于阴凉处，或者将鱼、肉熟制后，始终放在锅内，使肉或鱼温度保持在 $70\sim80$ ℃。用高温处理饲料后只能短时间保存，是临时性的，不能放置过久，否则也会发生营养损失和变质。

（3）干燥贮藏　生物体内水分丧失，当水分含量降低到最低水平时，新陈代谢就不能正常进行。饲料干燥后，附着在饲料上的微生物就会死亡或失去正常生存和繁殖的条件，饲料本身也会因干燥而不能发生氧化分解作用。因此，饲料干燥后可长时间保存，不发生变质。

干制饲料有晾晒和烘烤两种方法。

① 晾晒 将饲料切割成小块，置于通风处晾晒。如果是鱼，则应剖开除去内脏再晾晒；如果是小鱼可直接晾晒。晾晒饲料方法简单，但太阳照射往往易引发氧化酸败，降低饲料营养价值。

② 烘烤 将鱼、肉、内脏下杂煮熟，切成小块置于干燥室烘干。干燥室须有通风孔，以利于排出水分，加快干燥速度。

干饲料的含水量须低于 12%，否则，饲料与空气接触吸湿变质。因此，保藏干饲料要隔绝空气，防止吸湿，贮藏室地面要铺细沙和炉灰渣，做成防潮层或制成通风道，地面上再铺 30 cm 厚的干燥稻壳，室的四壁和顶盖要密封，不透风。

另外，以鱼粉、肉粉、肉骨粉、膨化谷物成分、添加剂等按适当比例生产混合干粉、颗粒全价饲料的技术已经十分成熟，生产配合饲料用于貉的养殖已经完全成熟。由于干粉配合饲料易运输，耐保存，可用来代替鲜饲料或全部代替鲜饲料喂貉，可最大限度节约贮存饲料的费用，还可以节省饲料加工室所占的房舍和饲料加工所用的人工，适合广大养殖企业采用，更适合广大农村个体饲养者采用。

（4）盐渍贮藏饲料 通过盐渍能杀死微生物，即使低浓度盐渍也能抑制细菌繁殖。盐渍方法是，在干净的水泥池或大缸中，撒一层盐，放一层饲料，如此反复堆置，顶部用木板压实，加水淹没饲料。盐渍法可较长时间保存饲料，但饲料因含盐量过大，已失鲜，利用前必须用清水浸泡脱盐，至少要浸泡24 h，中间要换水数次，并不时搅动，脱尽盐分，否则会造成貉食盐中毒。

2. 粮食和蔬菜的贮藏 貉的谷物类饲料按照常规方法贮藏进行即可，要求将谷物饲料贮藏在阴凉通风干燥的仓库内，库内放置离地面 0.5～1 m 高的垫板，将饲料堆于板上。需注意的是堆放层不能太厚，且须常翻动，以散热去潮。要防鼠害，降低粮食的消耗，防止病害蔓延。蔬菜含水量很大，如堆放过久，易发黄发霉，腐烂后还会产生有毒的亚硝酸盐。最好随用随取，放在阴凉通风处，单层平铺，一般不成堆放置，以免发热变质。寒冷的北方，冬季应将菜贮藏于温度适宜的菜窖内。

（二）貂饲料的调制技术

饲料原料相同，但是加工温度、水分含量、原料配比、盐含量等多种不同调制参数和技术，直接影响着调制出的饲料品质，决定着饲料的适口性和营养价值。因此，合理的调制参数、优化的调制技术，能提高饲料的营养价值和营养物质的消化利用率。

1. 调制前的处理　饲料调制前应进行饲料品质及卫生鉴定，严禁饲喂来自疫区的饲料和变质饲料；新鲜的动物性饲料应充分进行洗涤，一般需用0.1%高锰酸钾溶液消毒，然后用清水洗净；除掉肉类饲料上过多的脂肪，副产品（胃、肠、肺、脾等）需高温煮熟后冷却备用，冷冻的饲料经解冻后再行洗涤；鱼类饲料可先用清水浸泡，然后洗去表面黏液；蔬菜饲料调制前需切除根和腐烂部分，去掉泥土；为防止发生肠炎和寄生虫病，可用0.1%锰酸钾溶液消毒，然后用清水洗净，切成小块备用；小麦芽应去掉腐烂部分；小白菜苦味较大，影响食欲，可用开水点烫3 min；菠菜要用热水烫一下；谷物饲料必须熟制后再用。

2. 饲料的绞制　将准备好的各种饲料过秤，分别用绞肉机绞。如属小型碎块饲料，可将几种饲料混合绞制，如属大型的饲料，可先绞鱼类、肉类和肉副产品，然后再绞其他饲料（谷物制品和蔬菜可混合绞制）。麦芽用细箅子绞制，要求没有整粒即可。饲料的颗粒大小，会直接影响貂的食欲，所以绞制饲料的箅子不要太细，一般肉类饲料可用直径10～12 mm箅孔，麦芽可用直径3～5 mm箅孔，谷物和菜类可用直径3～8 mm箅孔绞制。

3. 饲料的调配　将各种预处理（清洗、粉碎、绞制）好的饲料放在大的木制或铁制搅拌槽内，先放谷物、蔬菜类、鱼肉类或其他动物性饲料，然后加入精饲料、补饲料和稀释的豆浆或水，充分进行搅拌。

4. 调制饲料的注意事项

① 调制饲料的速度要快，以缩短加工时间，每次调制应在临分食前完成，不得提前，以免营养物质被破坏。

② 配料准确，拌料均匀，浓度适中。繁殖期料浓度宜稀些，非繁殖期宜稠些，冬季和早春应适当加温，以免过早结冻。

③ 维生素饲料以及乳类、酵母等必须临喂前加入，防止过早混合被氧化破坏。

④ 温差大的饲料原料应分别放置，在温度接近时，再一起搅拌。

⑤ 牛奶在加温消毒时，要正确掌握温度。如温度过高，牛奶中的维生素会受到破坏；温度过低，达不到灭菌目的。

⑥ 食盐、酵母应先用水溶解，稀释后再混入饲料内。

⑦ 谷物饲料应充分熟制，但熟制时间不宜过长，不能有异味。

⑧ 缓冻后的动物性饲料，在调制室内存放时间不得超过 24 h。

⑨ 饲料室必须加强卫生防疫，谢绝闲人入内。饲料加工器械随时清洗，定期消毒。

三、各个生长阶段的营养需要与典型日粮配方

不同生理时期的貉身体特征明显不同，生产目的也不一样，所以对于营养的需求不尽相同，饲料配方也是针对其本身需求有所侧重。各时期营养需求及典型日粮配方见表 5-3 至表 5-7。

表 5-3　幼貉育成期饲养标准（每天每只）

| 时期 | 日粮标准 | | 混合饲料比例（%） | | | | 其他补充饲料 | | | | | |
	热量（MJ）	日粮量	肉、鱼类	肉、鱼副产品	谷物	蔬菜	酵母（g）	骨粉（g）	食盐（g）	乳类（g）	维生素A（IU）	维生素E（mg）
7—9月	2.09～3.34	随日龄递增	10～25	10～15	50～65	15	5～8	10～15	2～2.5	50	800	3

表 5-4　皮用貉饲养标准（每天每只）

| 时期 | 日粮标准 | | 混合饲料比例（重量比，%） | | | | 其他补充饲料（g） | |
	热量（MJ）	日粮量（g）	肉鱼类	下杂类	谷物	蔬菜	酵母	食盐
10—11月	2.09～2.51	550～450	55～45	10～15	6～7	15	5	2.5

表 5-5 吉林省成年貉饲养标准（每天每只）

时期	热量(MJ)	日粮量(g)	肉鱼类	下杂	谷物	蔬菜	酵母(g)	麦芽(g)	骨粉(g)	食盐(g)	乳类(g)	蛋类(g)	维生素A(IU)	维生素B(mg)	维生素C(mg)	维生素E(mg)
配种期(2~4月) 公	1.67~2.09	约600	25	15	55	5	15	15	8	2.5	50	25~50	1000	5		5
母	1.67~2.09	约500	20	15	60	5	10	15	10	2.5			1000	5		5
妊娠期(4~6月) 前期	1.88~2.30	约600	25	10	55	10	15	15	15	3.0			1000	5	5	5
中期	2.51~2.72	700~800	25	10	55	10	15	15	15	3.0			1000	5	5	5
后期	2.93~3.34	900~800	30	10	55	10	15	15	15	3.0	50		1000	5	5	5
产仔泌乳期(5~6月)	2.93~3.34	1000~1200	25	10	50	10	15	15	20	3.0	200		1000		5	
恢复期(5~9月)	1.88~2.72	450~1000	5~10	5~10	60~70	15	15	5	5	2.5						
配种准备期 10~11月	2.09~1.67	700~550	10~15	5~10	70	10			5	5~10	2.5		500	2~3		
12月至次年1月	1.46~1.67	400~500	20~25	5~10	60	10				5~10	2.5					

表 5-6 貉准备配种期的日粮标准（每天每只）

时期	热量(MJ)	日粮量(g)	肉鱼类	下杂	谷物	蔬菜	酵母(g)	麦芽(g)	食盐(g)	骨粉(g)	维生素A(IU)	维生素B$_1$(mg)
10月至次年11月	2.09~1.67	700~550	10~15	5~10	70	10	—	—	2.5	5~10	5~10	
12月至次年1月	1.46~1.67	400~500	20~25	5~10	60	10	5	—	2.5	5	500IU	2.0mg

表5-7 各时期貉饲料成分含量（每天每只）

时期	动物性饲料(g) 杂鱼、鱼粉	畜禽内脏	谷物饲料(g) 玉米面等	果蔬类饲料(g) 白菜	苜蓿	胡萝卜	豆浆或牛奶(g)	鲜骨(g)	骨粉(g)	食盐(g)	蛋类(g)	其他饲料 酵母(g)	维生素A(IU)	维生素E(mg)	大麦芽(g)	松针粉(g)
配种准备期 公	80	50	120	135		15	188	8	8	2.5		13.6	500	3		
配种准备期 母	80	50	120	135		15	188	8	8	2.5						
配种期 公	100	60	60	140		25	200	15	15	2.5	25	7.8	1 000	5.0	15	2.0
配种期 母	70	60	80	160		25	140	15	15	2.5		7.8	800		10	2.0
妊娠期 前	100	80	100	150		25	200	20	15	2.5		7.8	1 000		10	2.0
妊娠期 后	100	80	150	150		35	180	20	15	2.5		10.4	1 000		10	2.0
恢复期 公	60	60	110	100		25	150	15	15	2.5		5.0				
恢复期 母	50	50	120	130			195	13		2.0		8.5				
泌乳期母兽仔兽	100	60	180	120	60		320	20	20	3.0		14	800		20	5
幼兽育成期	50	30	130	100			130	10	10	1.8		5	500			2.0
静止期 9月	50	80	180	130			150		6.5	2.5		8.5				
静止期 10月	40	40	180	120			170		8	2.5		5				
静止期 11—12月	50	50	104	100		40	150		5	2.0		5				

第六章

饲养管理

第一节　饲养管理概述

一、貉饲养管理的科学意义及其重要性

1. 饲养管理的科学含义　饲养即喂养。科学的饲养要求根据性别、年龄、不同生理时期、健康状况及生产目的等实际情况，进行不同饲料原料的科学搭配，实现营养均衡、易消化吸收，从而有效地保证动物的健康和优秀的生产性能。实际上科学的饲养也可以理解为针对动物自身状况进行的最佳的营养搭配和饲料调制。管理就是针对在饲养过程遇到或可能出现的问题进行的工作。

2. 搞好饲养管理的重要性　科学的饲养管理，可以有效地保证动物营养需求，降低不利环境因子带来的危害，防病治病，提高动物生产性能，缓解养殖污染物对环境的压力，实现经济效益和社会效益的最优化，促进貉养殖业健康发展。

二、貉生产时期的划分

因为不同月龄、不同性别、不同生产时期貉对营养的需求不同，生产侧重点也差异很大，同时易感染的疾病和对不利影响的反应也不尽相同，所以科学地细分貉的生产时期，并在每个生产时期里进行针对性的饲养管理，是有效进行貉饲养管理的保证。貉是随季节更替，生物学特性、生理需要变化明显的经济动物。作为小型食肉动物，貉每年繁殖一次，春、秋各换毛一次。了解其生理变化，依据其特点划分不同生产时期，为每个时期制定适宜的饲养管理技术标准，才能最大限度发挥其生产潜力。为了便于饲养管理，结合国内外经验，

一般把貉整个生产周期分为几个部分，具体分期见表6-1。貉的饲养管理工作是分阶段进行的，但各时期都不是独立的，而是密切相关、相互影响的，每一个时期都是以前一个时期为基础的，各个时期是有机联系的，只有重视每一个时期的各项日常管理工作及关键时期的重点管理工作，貉生产才能获得成功，其中的任何一个环节出现失误，都将给生产造成无法弥补的损失。

表6-1 貉各生物学时期划分

类别	月份										
	12	1	2	3	4	5	6	7	8	9	10	11
公貉	准备配种后期		配种期				恢复期				准备配种前期（冬毛生长期）
母貉	准备配种后期		配种期		妊娠期		产仔泌乳期		恢复期		准备配种前期（冬毛生长期）

第二节 种公貉的饲养管理

种公貉的饲养管理可四个大的时期进行，即准备配种期、配种期、恢复期、冬毛生长期（与准备配种前期重叠）。因为冬毛生长期是成年公、母貉及当年育成幼貉共同的必经时期，又是关系毛皮生长的重要时期，所以单独进行阐述。

一、种公貉准备配种期的饲养管理

从9月下旬到次年1月中下旬，是貉的准备配种期。因为配种期跨越时间过长，貉的生理变化也很大，为了方便管理，准备配种期又细化为准备配种前期（9月底至11月下旬）和准备配种后期（11月下旬至翌年1月下旬）。每年秋分（9月21—23日）以后，随着日照的逐渐缩短和气温下降，种貉进入准备配种前期，其生殖器官和与繁殖有关的内分泌活动逐渐增强，生殖腺从静止状态转入生长发育状态。11月后，生殖器官由一开始的发育较慢，变成加速发育。到12月底或次年1月初，公貉睾丸就可以产生成熟的精子。公貉的体重，在准备配种期也有很大的变化，前期（10—11月）种公貉的体重不断增加，到12月为最高，次年1月体重开始下降，配种期体重下降特别明显。

9—12月这段时间一定要保证貉饲料优质、足量供给，在保证脂肪和蛋白质供应同时，还要补饲蛋氨酸和半胱氨酸，这样有助于种貉性器官的生长发育，也利于冬毛的生长。本时期每日喂2次，早喂日粮总量的40％，晚喂日粮总量的60％。到12月种貉毛管发亮达到最肥的状态。从12月到1月初这段时间，种貉的食欲下降，此期间可以降低饲料给量，并降低饲料中脂肪的比例，在配种前将种貉体况调整到中等水平。实践证明，种貉的体况与繁殖力有密切关系，过肥或过瘦都会影响繁殖，特别是过肥，危害性更大。配种前体况中等或中下等的种公貉性欲最强。从外观估计种貉的体况，可分为如下三种情况：过肥体况，逗引貉直立时见腹部明显下垂，下腹部积聚大量脂肪，显得腿很短，行动迟缓；中等体况，身躯匀称，肌肉丰满，腹部不下坠，行动灵活；过瘦体况，四肢显得较长，腹部凹陷成沟，用手摸其背部明显感觉到脊椎骨。另外，1月中旬以后种貉饲料中应注意补充维生素A、B族维生素、维生素E和矿物质，这样能明显促进种貉的发情。

貉的准备配种期大部分时间在寒冬季节，貉有很好的抗寒能力，但是为了保证种貉安全越冬和良好的繁殖性能，必须做好防寒保暖工作。具体是检修小室防止漏风，室内垫足量草。注意搞好卫生，保持洁净干燥，特别是及时清理小室内食物和粪便。可以通过增加饮水次数，添加温水及投给洁净的雪和冰屑，保证貉在寒冬里得到足够的饮水。注意保持貉舍安静，尽量减少人为的干扰，从12月中旬开始要适当增加种貉的运动量（增加人为驯化），经常引逗种貉在笼内运动，能提高种公貉精子活力和配种能力。从1月开始到配种前，应做好种貉的发情检查，并详细记录，通过检查掌握公貉睾丸发育情况，为配种做好准备；通过种貉的外生殖器官变化了解饲料和管理是否合适。特别应该注意本时期种公貉应该在背风向阳的一侧饲养，否则会影响公貉睾丸的发育。配种工作的一些准备工作也应该在本时期做好，如制作号卡标注貉号和笼号，制订合理的配种方案，准备好配种期将要用到的一切辅助工具。在整个准备配种期笼舍要保持自然的光照，不要人为增加光照时间（如夜间在笼舍内用电灯照明等），以使貉按期正常发情。

二、种公貉配种期的饲养管理

1. 种公貉配种期的饲养　应在饲料上充分做文章，使种公貉吃好，有充沛的精力与体力以完成繁衍后代的任务，又避免过于肥胖影响性欲和交配能力。本时期饲料以动物性饲料和高蛋白饲料为主，还可以补加牛奶或豆浆，另外在其饲料中可适当添加能促进精细胞发育的饲料或特殊添加剂，如鸡蛋、大葱、大蒜、麦芽、酵母、鱼肝油、维生素 E、维生素 C。

2. 种公貉配种期的管理　为提高貉群品质，在配种期充分发挥公貉的作用，使母貉全部配上种，需要制订合理的配种计划、掌握合理的配种进度以及实用的配种技术。

（1）制订科学的配种计划　公、母一般比例为 1：（4～6），既能保证配种任务完成，又将饲养公貉费用合理降低；避免近亲交配，检查全群种貉的系谱和历年发情配种记录，合理搭配公、母貉的配对方案。为防止母貉因择偶而造成漏配，应准备两只以上与母貉无血缘关系的公貉与之选配；公貉的毛绒品质一定要优于母貉；在体型方面，应以大公配大母、大公配中母、中公配小母为原则。

（2）公貉发情检查　1 月初开始检查公貉睾丸发育是否正常。可将公貉保定后，用另一手（不要戴手套）触摸其腹后部，可摸到两侧对称的睾丸。检查时要小心防护，以免被咬伤。发育正常的睾丸体积和重量明显增大，呈卵圆形，手感松软而富有弹性。阴囊下垂，明显易见，阴囊被毛稀疏。摸不到睾丸的公貉为隐睾，无配种能力；睾丸很小、坚硬、无弹性，都会使公貉丧失性欲，不能参加配种。

（3）种公貉的合理使用　种公貉在整个配种期可配 4～6 只母貉，交配 8～15 次，多者高达 20 多次。在配种前期，发情的母貉数量较少，可选发情早的公貉与之交配，每只公貉每天可进行 3～5 次试情性放对和 1～2 次配种放对，为保持公貉的配种能力，每天成功配种不超过 2 次。试情放对时要注意观察，对未发情扑咬公貉或不抬尾的母貉，要立即把母貉抓出，以免咬斗或发生滑精。在配种中期，母貉发情的较多，公貉还有复配的任务，配种工作很紧张，公貉每天可交配 2 次，但每次交配间隔要在 4 h 以上，间隔期要给配种的公貉少量补饲高蛋白饲料（如鲜奶），公貉连续配种 4 次的，要休息 1 d。小公貉的使用原则是选择发情好、性情温顺的母貉与其交配，锻炼其配种能力；小公貉性欲良好时，应适当让它多配几次，但也不能使用过频。性欲一般的公貉可在复配时适当使用，配种能力强的公貉则与难配和初配的母貉交配。多公复配法只适用于取皮貉的繁殖，准备留种的一定要用相同公貉完成复配，否则后代血缘不清，无法留种。

（4）种公貉的精液检查　可在刚配完的母貉外阴部表面蘸取一些精液，用400倍显微镜观察，如有活动精子，说明公貉已经射精，交配确实。

精液品质检查：先用棉花擦净刚配完母貉外阴部的尿液，然后用玻璃吸管插入母貉阴道深处，吸取精液待检。具体方法是将精液滴在玻璃片上，在37～38℃放大300倍的显微镜恒温箱中估测前进运动的精子所占的百分率；将精子样品加入血细胞计数器，在计数器上随意选择50个方格进行计数，并换算出每毫升精液中所含有精子的总数；记录精子经稀释后在一定条件下维持存活的时间（以小时计）。

三、种公貉静止期的饲养管理

进入静止期的种公貉，一方面因为配种期体能消耗大，需要补充能量加强饲养；另一方面因为其年度主要任务已完成，剩下时间只要低水平维持即可，待到下一轮繁殖准备时再进行特殊喂养。在配种期发现的配种能力差的公貉准备淘汰，按取皮貉水平喂养即可。

第三节　繁殖母貉的饲养管理

母貉生产周期可划分为准备配种期、配种期、妊娠期、产仔泌乳期、静止期、冬毛生长期（准备配种后期），针对不同时期的生理特征和生产目的进行饲养管理。

一、准备配种期母貉的饲养管理

充分摄取营养，使身体处于最佳水平，才有利于母貉下一步发情、交配和排卵，所以本时期的饲养管理对貉生产很重要。

随着天气变冷、光照变短，母貉的外生殖器官和体内激素水平都有很大变化，卵巢开始产生成熟的卵泡，体重也不断增加，以12月末为转折点，体重开始下降。除注意和公貉一样的几点外，还要特别注重母貉体况的调整，使其肥瘦合适；另外，可在不过分惊扰母貉的前提下，认真观察母貉外生殖器官的变化是否明显，再作出相应的调整。本时期饲料配合以高蛋白、低脂肪为主，另补加牛奶或豆浆、鲜骨泥、麦芽、酵母、鱼肝油、维生素E等。

二、配种期母貉的饲养管理

发情期母貉，性情变得温驯，不讨厌异性，频频排尿，公貉爬跨时，母貉会抬尾站立迎合公貉交配。性器官发育过程也随季节的变化而变化，从9月下旬（秋分前后）卵巢结束了静止状态，开始生长发育，12月末或1月初卵巢里能产生成熟的卵泡和卵子，外阴部阴毛分开，阴门肿胀外翻。貉属于季节性多次发情动物，一般要到2月上旬发情。经产母貉发情较早，初产母貉发情相对晚一些。结合母貉配种期的生理特点，其饲料应提高质量，并补充维生素E、大葱、麦芽、鱼肝油等，使母貉保持良好的体况和发情状态。

1. 母貉发情检查　在放对配种之前，必须对母貉进行发情检查。具体是结合母貉的活动状况（外部表现）、外生殖器官变化情况和放对试情三方面情况鉴定。

（1）行为观察　饲养员除每天喂貉，要多留心观察种貉的活动情况。在发情期间，种貉频繁走动，时常发出"旺、旺"的求偶叫声。发情旺盛时母貉精神不安，食欲下降，频频排尿，经常舔外生殖器官。

（2）母貉的外阴部检查　依据外阴部变化母貉发情可分为三个阶段：第一阶段（发情前期），阴门开始肿胀，阴毛分开，阴门露出，阴道流出具有特殊气味的分泌物，表现不安，活跃，一般持续2~3 d，也有的持续1周左右，阴门肿胀严重，肿胀面平而光亮，触摸感觉硬而无弹性，阴道分泌物色浅、淡、较稀；发情期，阴门肿胀程度发生变化，触摸时柔软不硬，富有弹性，阴门外翻，粉红色，阴蒂暴露，呈圆形或椭圆形，阴道流出较浓稠乳白色凝乳状分泌物。母貉食欲下降，有的母貉会发生1~2 d停食。对于初次发情的母貉，不像上述情况那样典型，可根据放对试情的情况灵活掌握。发情后期外阴部萎缩，肿胀减退，阴毛合拢，分泌物减少，黏膜干涩并出现细小褶皱。

（3）放对试情　根据母貉行为变化和外生殖器官变化仅能初步判断母貉发情，还要利用放对试情来确定母貉是否真正发情并能成功接受交配。选择发情较好、性欲较强的公貉试情。将试情母貉放入公貉笼中，经一段时间嬉戏后，如果母貉接受公貉爬跨，证明母貉进入发情旺期，能够完成交配，此时可以使用试情公貉完成交配，也可以将它们分开，用其他公貉达成交配。如果母貉拒绝爬跨，躲避甚至扑咬公貉，说明母貉未达到发情旺期，应将母貉取出，继续观察1~2 d，再试情。放对试情10 min内就能得出结论，不必时间过长。

（4）阴道分泌物涂片　根据母貉阴道内容物中的细胞种类和形态准确进行母貉发情阶段判断。阴道分泌物图片的制作与检查方法：用消毒好的吸管或棉签插入母貉阴道 8～10 cm，吸取阴道分泌物涂在载玻片上，阴干后在 100 倍显微镜下观察。阴道分泌物主要有三种细胞：角化鳞状上皮细胞、角化圆形上皮细胞和白细胞。角化鳞状上皮细胞呈多角形，有核或无核，边缘卷曲不规则；角化圆形上皮细胞为圆形或近圆形，绝大多数有核，胞质染色均匀透明，边缘规则。当阴道分泌物图片中出现大量角化鳞状上皮细胞时，标志母貉发情进入旺期。

2. 配种技术　貉的配种一般在白天进行，特别是早晚以及天气寒冷时（如阴天、下雪），种貉则异常活跃，性欲旺盛，母貉发情也较明显易达成交配。具体时间为早饲前（6：00—8：00）或早饲后（8：30—10：00）及下午 4：30—5：30。一般是将母貉捉到公貉笼中，这样可以使公貉适应环境，性欲不受影响，交配更为主动，可缩短交配时间，提高放对配种效果，当公貉暴躁而母貉又十分胆小时，可将公貉捉到母貉笼中进行放对。貉一年只发情一次，是自发性陆续排卵，所以只交配一次的母貉一般妊娠率只有 70% 左右，而且胎产仔数也少；如果交配后第二天进行复配，母貉妊娠率可达到 85% 左右，复配两次母貉几乎全部妊娠，胎产仔数也有增加。所以貉配种应该采用连续复配或隔日复配的方法。连续复配是指初配后次日和第三天分别再进行一次复配的方法，而隔日复配是指初配后第二天复配一次，然后隔 1 d 再复配一次。实际生产中这两种复配方式均应用较多。

三、妊娠期母貉的饲养管理

1. 妊娠期母貉的生理变化和常规饲养管理　交配结束后，母貉即进入妊娠期，为 55～60 d。妊娠期的营养需求是全年最高的，因此要做到营养全价、易于消化、适口性强，特别要注意饲料要新鲜。调制饲料时要尽量使原料种类多样化，饲料含有足够量的蛋白质、各种微量元素和矿物质，脂肪和谷物的含量不要太高，防止摄入能量过高导致母貉过肥造成难产。饲喂量随着妊娠期的进程逐渐增加。妊娠每日营养标准如下：代谢能，在妊娠前期为 2.09～2.51 MJ，妊娠后期为 2.72～2.93 MJ；可消化蛋白质在妊娠前期为 55.2～61.0 g，妊娠后期为 62～67 g；脂肪需求量在妊娠前期为 18.4～20.3 g，妊娠后期为 20.7～25.7 g；碳水化合物在妊娠前期 44.2～48.8 g，妊娠后期为

49.6～53.6 g。

在母貉妊娠后期饲料中的动物性饲料相应增加的同时，还应该注意将动物的肾上腺、脑垂体等含性激素的器官摘除，以免母貉食后发生死胎或流产。母貉妊娠 15 d 以后，胚胎发育逐渐加快，这时母貉食欲旺盛，可逐渐增加饲料量。妊娠期母貉饲料应添加维生素 A、B 族维生素、维生素 D、麦芽（维生素 E 来源），为保证胎儿骨骼的发育，饲料中要添加鲜骨泥。妊娠期母貉体况保持中、上等为好。可根据母貉肥瘦，灵活掌握饲料量，既保证母貉和胎儿发育的营养需要，又不使母貉过肥，以免发生胚胎吸收、流产以及产后泌乳量不足。

妊娠期母貉性情变得温驯，不愿活动，时常在笼内晒太阳，饲养人员要多同母貉接触，如经常打扫笼舍产箱、经常换水等。通过这样的驯化，母貉便不再怕人，这也便于产仔期的饲养管理。还可适当增加妊娠期母貉的运动，以防止母貉产仔时发生难产。

妊娠后期胚胎发育最快，母貉腹部逐渐膨大下垂，腰部背脊凹陷，后腹部毛绒竖立，毛被纵向分开，接着腹部乳腺周围的毛即向四周分开，而且行动迟缓，不愿出小室活动，临产前常蜷缩于产箱内，并有做窝的现象。此时可用 1%～2% 浓度的氢氧化钠水刷洗产箱彻底消毒，等产箱晾干后，铺柔软清洁的垫草（如乱稻草、软杂草等），产箱的底部和四周一定要严实不透风。为了避免母貉妊娠后期胃肠过于充满压迫子宫，影响胎儿营养正常吸收，母貉日喂三次，少食多餐，妊娠后期母貉时常感觉口渴，必须保证充足、清洁的饮水。

2. 胚胎吸收和流产　胚胎吸收主要是由于母貉饲料营养不够造成的。维生素 A 缺乏时会引起子宫上皮角质化，影响胚胎的营养吸收，这就造成胚胎在妊娠初期维生素 E 不足，会使胚胎大量吸收。流产的原因包括营养不足，饲料中含有引起流产的激素、药物以及母貉受惊激烈运动等。调整饲料和保持安静可以减少流产的发生。

四、产仔泌乳期母貉的饲养管理

1. 常规饲养管理　产仔期要安排昼夜值班，重点观察临近预产期的母貉，以便遇有难产的母貉和需要代养的仔貉时可及时采取措施。如果发现母貉难产，首先可用注射催产素的办法帮助母貉产仔。如果不成功，可用镊子准确地夹住卡在产道中的仔貉，将其慢慢拽出。当仔貉全部产出后，要给母貉注射盐

酸氯丙嗪，然后放回产箱休息。还可以用剖宫产的方法解决难产。临产前母貂多数食欲下降或拒食1～2顿，并伴有痛苦呻吟声。产仔多在夜间或清晨进行，产程为3～5 h。母貂产仔后，头一两天很少走出产箱，除在没有人时走出产箱吃食外，其余时间均在产箱中安静地哺育仔貂。母貂产后一般需要哺乳55～60 d，要消耗母貂体内大量营养物质，需要供给优质饲料补充母貂体内消耗。因此，泌乳期的饲养管理，直接关系到母貂健康和仔貂成活。泌乳期饲料与妊娠期基本相同，但为促进泌乳可补充适量的乳类（牛奶、羊奶等）。母貂产仔泌乳期日需可消化蛋白45～60 g、脂肪15～20 g、碳水化合物44～53 g，代谢能2.51～2.72 MJ。泌乳期饲料加工要精细，浓度要稀，以满足其食量、无剩食为宜。

仔貂出生后1～2 h，胎毛即被母貂舔干，寻找乳头吃奶，吃饱初乳的仔貂便进入沉睡，直至再次吃奶才醒来嘶叫。初生仔貂每3～4 h吃一次奶。有些母貂将仔貂产在笼网上，然后叼入产箱。发现这种情况，要及时把产出的仔貂拿到温暖的地方，迅速将胎衣除去，用消过毒的剪刀断剪脐带，用棉纱擦干仔貂全身，等仔貂全部产出后，再把仔貂还给母貂，看它能否在产箱内很好地哺乳。假如母貂不哺乳或乳腺发育不好，要把所产仔貂全部代养。

产后5～10 d仔貂死亡率最高，所以产后除饲养员外，其他任何人不得接近貂舍。对于经产的母貂，由于它有抚育仔貂的经验，产仔后不必急于开箱检查仔貂情况，通过窃听可判断仔貂是否正常。产后仔貂很平静，只是在醒来未吃到奶时才叫，叫声短促有力，吃到母乳便不叫，仔细听可听到仔貂有力的吮乳"咂咂"声，说明一切正常。产箱中完全寂静的时候，轻微的一阵响声就可使母貂不安，于是它会离开原处，从而引起仔貂的叫声，这说明仔貂还活着。如果总是听到仔貂嘶哑的叫声，母貂在产箱内不安宁，不时走出产箱，说明仔貂吃不饱，或母貂泌乳有问题，这时必须开箱检查仔貂情况。对于初产或认为有问题的母貂，产仔结束后要马上检查仔貂。一般在产后的头一两天内，母貂护仔性还不是很强，给母貂喂食时，开箱查看仔貂情况，母貂不十分在意，几天后再开箱母貂就容易叼仔乱跑。有的仔貂生下来是活的，但发育很弱，如不及时采取措施抢救，在检查前就已死去。母貂清晨或白天产仔，产后的3～4 h内要完成貂仔检查，夜间分娩的，则在清晨喂食时检查。只有下大雪、极严寒的情况下，或母貂母性强赶不出产箱时，才会延期检查。适时检查可保证早发现吃不上奶和软弱的仔貂，及时采取抢救措施，提高仔貂成活率。

　　首次检查宜在喂食时进行，这时母貉大部分会自动走出产箱采食。其他时间进行检查，最好把母貉从产箱中引出，并给以少许好吃的饲料，以分散它的注意力。无法引出母貉时，可把食盒放在产箱口处，人在远处安静观察、等待，当母貉听不到动静时，便会走出产箱吃食，这时要赶紧关上产箱门，迅速开箱检查仔貉。首先看一下产箱的垫草是否充足，如果垫草少则做不成窝，有时仔貉会睡在无草的木板上，很容易冻死。健康的仔貉大小均一，毛色较深（黑灰色），抱团睡在窝内，拿起在手中挣扎有力，腹部饱满，叫声响亮；体弱的仔貉大小不一，毛色较浅（灰色），绒毛潮湿、蓬乱，拿在手中挣扎无力，叫声嘶哑，腹部干瘪。发现弱仔要及时处理，否则仔貉很容易死亡。有些仔貉在产出后没有得到母貉的及时护理，或被抛到产箱的一角，很容易冻僵，像死貉一样，这时可将冻僵的仔貉拿到室内保温，擦干胎毛，喂给少量维生素 C 溶液，很快即可恢复正常。有的母貉产仔较多，产后没有及时咬断仔貉脐带，而使脐带绕到仔貉脖子上，仔貉会被脐带勒死。发现这种情况应马上剪断脐带，将仔貉救出。已经死亡的仔貉要拿出产箱。检查仔貉的时间不能过长，并尽量保持窝内原状，捉拿仔貉的手要干净，不能有异味。如母貉母性过强无法检查初生仔貉，貉场垫草、产箱密封等产前准备和饲料营养充分的，也可以在产后 1 周后再进行检查，以免惊扰母貉，发生应激，对仔貉反而不利。

　　2. 母貉乳腺的护理　　发现仔貉吃不饱，要及时检查母貉乳腺发育情况。泌乳正常时，乳头有弹性，乳腺非常饱满，轻轻按压就有乳汁从乳头里排出；乳头很小，又挤不出乳汁，说明泌乳异常。初产母貉不会拔毛，仔貉找不到乳头无法哺乳时，可人工拔毛露出乳头，帮助仔貉顺利吮乳。

　　产仔数少而母貉乳腺又过于发达、乳汁丰富时，仔貉不能吸住过分充满的乳腺。乳腺胀痛，母貉急躁不安，不趴在产箱内，而开始搬弄仔貉，或在笼内乱跑。母貉乳腺触摸起来感觉很硬，时常发烫，说明乳汁过多，可以人工挤出。先在乳头附近，然后在整个乳腺上进行按摩。在挤乳的时候，要把乳腺涂上少许没有气味的凡士林或其他油脂。当给母貉挤完乳后，要使母貉侧面卧下，并将仔貉放在它的乳头附近，以帮助它们吮乳。当仔貉可以正常吮乳后，母貉也会安静下来，这时可以把它们放回产箱。最好再增加几只仔貉让其代养，这样就不会因泌乳过多而使母貉不安。如果没有代养的仔貉，要缩减它的日粮若干天，并降低日粮中有促进产乳作用的饲料含量。

当母貂产仔数多，泌乳量又较少，饥饿的仔貂会尖锐嘶叫，总叼着干瘪的乳头吵闹，也会引起母貂急躁不安，搬弄或叼仔。在这种情况下，可以选健壮、大的仔貂让其他母貂代养，或全部代养。通过按摩乳腺，促进母貂泌乳。缺乳的母貂多食欲不振，应给予多样性饲料，特别要增加奶类和蔬菜，提高适口性，增加母貂泌乳量。当然还要注意到仔貂刚好吮过乳，检查时只有少量的乳排出，乳腺也很萎缩，乳头附近的毛很湿，粘在一起，仔貂也很安静地卧着，腹部很饱满，说明一切正常。

有些初产母貂乳头发育非常小，而且新生仔貂不能嚼住它们，从而吸不到乳。遇到这类情况，可把日龄较大的仔貂置于该母貂的乳下，让这些仔貂把部分乳腺嚼在口里，并用力吮吸之后，就把乳头拉长了，可帮助新生仔貂嚼住乳头哺乳。

3. 仔貂保活技术　检查仔貂时如果发现行动很慢，毛没有光泽，颜色是灰的或是潮湿的，有时身体渐渐地变凉，要及时对它们予以救治。将弱仔送到暖房里，用纱布把潮湿的仔貂擦干，按摩或将其放在温暖的炉子附近有助于冻僵的仔貂恢复体温。冻僵的仔貂看起来像死了一样，但按摩一会可以恢复其生命体征。对所有虚弱的仔貂，要立刻用滴管或汤匙喂 2～3 mL 维生素 C 溶液。使用维生素 C 溶液要用时现配，以免分解变质。能吮吸的仔貂，最好用奶嘴喂给。仔貂虚弱无力吮乳时，要小心地用滴管慢慢地滴入仔貂口中，让其自行咽下，避免硬灌呛死仔貂。喂完维生素 C 后，可以再喂乳。仔貂吃奶后要将其放在屋内温暖的地方，喂养 2～3 d 后，多数能恢复正常，当仔貂强壮起来，并开始吮吸母乳后，要把它们与母貂一起送回原处。仔貂单独放置时，需要在喂乳前人工按摩仔貂腹部，从胸口到肛门轻轻按摩，这样仔貂才能顺利排出粪便。

4. 仔貂的代养　母貂产仔过多时，多出的仔貂可分给产仔较少的母貂代养。要求"乳母"产仔数不超过 5 只，泌乳能力优良，母性强，产仔期与代养仔貂相近。在窝内选健康的仔貂拿出，剪下头部少许胎毛便于以后识别，放在"乳母"产箱口处。貂的母性很强，当听到外边的仔貂叫声，会马上出来将其叼回窝。也可趁代养母貂不在窝内时迅速将仔貂放入其窝内。放入后要先观察一会，看看母貂进窝后有无不良反应，如果母貂进入窝内仔貂很快就安静下来，则代养成功。在代养过程中应注意手上不要有异味，只要手干净，没有特殊气味（如酒精、来苏儿、煤油、苯、肥皂、香脂等）即可。

5. 补饲技术　随着仔貉日龄的不断增长，母貉的食欲越来越强，食量也增加。应该相应增加饲料数量提高饲料品质，特别是增加动物源蛋白质和多种维生素的饲喂量，使母貉有足够的营养保证泌乳正常、维持体况。食欲较差的母貉，多数很瘦，泌乳能力也差，仔貉成活率低，要适当调整饲料，改善适口性，促进其食欲提高，最好将其仔貉部分或全部分出代养。仔貉 20 日龄后，开始同母貉一起采食，要增加母貉的饲料量。补饲量根据母貉产仔数和仔貉日龄逐渐增加，具体数量可根据母貉和仔貉的采食情况灵活掌握。哺乳期间应密切注意仔貉生长发育情况及母貉体况肥瘦，以此来判断母貉泌乳情况。母乳严重不足时，仔貉因饥饿总是叫个不停，要及时将仔貉分出代养或单独给仔貉补饲易消化的粥状饲料。

6. 关于母貉叼仔问题　由于人工驯养的历史很短，貉野性还很强，特别是在产仔期，当受到外界不良刺激时，容易出现叼着幼仔到处跑的现象，轻则把仔貉咬伤，严重的会把全部幼崽吃掉。

保持貉场安静是最重要的措施之一。母貉配种后要安置在较安静的地方，不可经常移动。换地可使母貉产生不安全感，尤其是在产仔期。产前要把检修笼舍产箱、铺好垫草等准备工作提前做好，不要等到产仔后出现问题时再处理。遮雨棚要安牢，以免漏雨或刮大风时产生响动。产仔期要有固定的饲养人员负责喂养产仔的母貉，喂食时动作要轻，避免发出突然的声响。

叼仔现象多发生在母貉产后第 3～10 天，要认真分析原因。如果是因为环境不安静引起的，环境安静下来后，母貉也就不叼仔了；如果环境安静下来还不能使母貉停止叼仔，可将母貉关在产箱（产箱活动范围小，比较黑暗，母貉容易平静下来）内，一般只要 20～30 min，母貉就会平静下来。如果母貉还不安静，可将母仔分离一段时间（一般 1～2 h），这段时间母貉叼不到仔貉，慢慢也会平静下来。对这些措施不见效的母貉，可以饲喂或肌内注射氯丙嗪，一般连续给药 2～3 d 可见效。母貉安静下来后，再将抢下保温的仔貉送回产箱让母貉哺乳，这样可以挽救被叼仔貉的生命。

五、母貉静止期的饲养管理

静止期也称恢复期。进入静止期的母貉，一方面因为产仔泌乳期体能消耗大，需要补充能量加强饲养；另一方面因为其年度主要任务已完成，饲料营养

水平可相对降低，等到下一轮繁殖准备时再进行特殊喂养。在产仔泌乳期发现难产、乳汁过少、母性不强的母貉下年度不作种用，按取皮貉标准饲喂即可。管理按日常方法进行。

第四节　育成期貉的饲养管理

貉一般在 45～50 日龄断奶分窝，人工补饲或母貉护理能力丧失的应提前分窝。从分窝到性成熟是貉的育成期。育成期的貉特点是食欲旺盛，生长发育很快，是决定以后体型大小的关键时期，在此期间一定要保证育成貉生长的营养需要，饲料中应注意钙、磷、维生素 D 和蛋白质的供给。育成期为防止黄脂肪病和肠炎，可在饲料中添加适量的维生素 E 和土霉素等抗生素。饲料调制和数量可以分成两期考虑，前 60 d 营养水平适中，保证饲料足量自由采食；之后一直到取皮，营养水平逐渐上调特别要注意供给足够的蛋白质和脂肪，饲喂量以吃饱为好，饲料具体营养标准见表 5－3。分窝时将母貉提出，幼貉在原窝饲养，一段时间（一两周）后，再进行分窝饲养，以每次喂食量以喂后0.5 h 内不剩食为准，喂完要及时把食槽捡出笼外，以免弄脏。分窝 2 周进行犬瘟热、病毒性肠炎疫苗接种。10 月以后，幼貉体型已接近成年貉，可进行选种工作，选出的种用貉和皮用貉应分群饲养。

1. 保证貉舍卫生条件　育成期正值夏季，要保持貉舍的卫生，注意防暑，最好不让幼貉进入产箱。保持笼内干燥，粪便能及时漏下，保证育成貉皮肤卫生、被毛干净，这是育成期的关键问题。

2. 加强饮水　不论是夏季还是冬季，都要保证水盒里有洁净、充足的饮水。冬季可用干净的冰雪碎屑补充。

3. 搞好防暑、防寒工作　貉不耐热，在夏季应该搞好防暑工作，以免因中暑而发病甚至死亡。具体措施是保障饮水，搭建遮阳棚，避免阳光直射。貉虽然耐寒，但是特别寒冷的地区气温甚至会降到－40 ℃，所以也必须做好防寒保温工作。

另外，要注意避免人工延长光照，否则会影响正常的换毛，降低毛绒品质；严重的会影响性器官的发育，造成发情迟缓或繁殖失败。

做好观察和记录，为选种做准备；还要认真检修笼舍，防止划伤皮毛或发生跑貉。

第五节　冬毛生长期貉的饲养管理

一、冬毛生长期貉的生理特点

进入 9 月，幼貉由主要生长骨骼和内脏转为主要生长肌肉、沉积脂肪，同时随着秋分以后的日照周期的变化，将陆续脱掉夏毛，长出冬毛。此时貉新陈代谢水平仍很高，蛋白质水平仍呈正平衡状态，继续沉积。毛绒是蛋白质的角化产物，所以对蛋白质、脂肪和某些维生素、微量元素的需要仍是很迫切的。此时貉最需要的是构成毛绒和形成色素的必需氨基酸，如含硫的胱氨酸、蛋氨酸、半胱氨酸和不含硫的苏氨酸、酪氨酸、色氨酸，还需要必需的不饱和脂肪酸，如亚麻二烯酸、亚麻酸、二十四碳四烯酸和磷脂、胆固醇，以及铜、硫等元素，这些都必须通过饲料足量获得。

二、取皮貉的饲养管理

适宜的营养水平是生产优质貉皮的保障。动物性饲料应由鱼、肉、内脏、血、鱼粉等几种组成，保证提供平衡的氨基酸营养；冬毛生长期要注意维生素 A、维生素 E 的补充；饲料中还可添加少许油脂，以提高貉毛皮光泽度。

在目前的貉饲养中，比较普遍地存在着忽视冬毛生长期的弊病，不少养殖户单纯为降低成本，而在此期间采用低劣、品种单一、品质不好的动物性饲料，甚至大量降低动物性饲料的含量。结果因营养不良导致出现大量带有夏毛、毛峰钩曲、底绒空疏、毛绒缠结、零乱枯干、后裆缺针、因患食毛症或自咬症而破损等明显缺陷的皮张，严重降低了毛皮品质。貉生长冬毛是短日照反应，因此在一般饲养中，不可任意增加任何形式的人工光照，并把皮貉养在较暗的棚舍里，避免阳光直射，以保护毛绒中的色素。

从秋分开始换毛以后，应在小室中添加少量垫草，以起到自然梳毛的作用。同时要搞好笼舍卫生，及时维修笼舍，防止沾染毛绒或锐利刺物损伤毛绒。添喂饲料时勿将饲料沾在皮貉身上。10 月应检查换毛情况，遇有绒毛缠结的应及时活体梳毛。因为取皮貉不涉及留种，应用人工控光养殖，促进毛皮提前成熟，可以节省大量饲料。

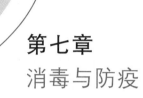

第七章
消毒与防疫

第一节　疫病概述

疫病是发生在人、动物或植物上，并具有可传染性的疾病的统称，一般由寄生虫、细菌、病毒等微生物引起，通常是指在一定病因作用下自我调节紊乱而发生的异常生命活动过程，并引发一系列代谢、功能、结构的变化，表现为症状、体征和行为的异常。在这种状态下，正常的生命活动受到限制或破坏，或早或迟地表现出可觉察的症状，这种状态的结果可以是康复（恢复正常）或长期残存，甚至导致死亡。

兽医防疫工作是貂场正常运行的保障。疫病防控得好，貂群健康，其生产力的发挥就完全，同时可以减少药物的使用，提高毛皮质量，减少成本，增加貂场的效益。因此，疫病防控是貂场一项重要而持久的工作。

第二节　消毒与防疫

一、消毒

消毒是最理想的防疫手段之一。消毒是应用物理和化学方法减少或消灭被传染源散播于外界环境中的病原体，切断传播途径，以避免其繁衍致病。

（一）消毒目的

根据消毒的目的，可分为以下三种情况。

1. 预防性消毒　结合平时的饲养管理对畜舍、场地、用具和饮水等进行定期消毒，以达到预防一般传染病的目的。

2. 随时消毒　发生传染病时，为了及时消灭刚从患病动物体内排出的病原体而进行的消毒。

3. 终末消毒　在病畜解除隔离或疫区解除封锁前，为消灭可能残留的病原体进行的全面彻底消毒。

（二）消毒方法

貉场主要的消毒方法有物理消毒法、生物消毒法、化学消毒法。消毒时要根据消毒对象选用合适的消毒药物。消毒药物原则上要选用优质、高效、安全、低毒、不损害被消毒物品、不会在貉及其产品中残留、在消毒环境中比较稳定、不易失去作用、使用方便和价廉易得的消毒药物；按照药品说明书进行药物配制，不可凭主观随意配制；消毒时要尽可能降低对貉的负面影响；同时要注意人身安全。

1. 物理消毒法　如清扫、日晒、干燥、紫外灯照射及高温消毒。紫外线对炭疽芽孢杆菌和巴氏杆菌杀伤作用很好。

2. 生物消毒法　主要是对粪便、污水或废物作生物发酵处理。每日清扫1次粪便，集中在固定地点（远隔场区300 m以上），粪上覆盖黄土，进行生物消毒发酵后可作农家肥使用。

3. 化学消毒法　指应用化学药物进行的消毒。许多因素，如病原体的抵抗力，所处环境的情况和性质，消毒时的温度、药剂的浓度和作用时间等均影响其效果。

在选择化学消毒剂时，应考虑对病原体的消毒力强，对人畜的毒力小，不损害被消毒的物体，易溶于水，在消毒的环境中比较稳定，不易失去消毒作用，价廉易得和使用方便。

根据化学消毒剂的作用，可分为以下几类：①凝固蛋白类，如酚、甲酚及其衍生物（来苏儿、克辽林等）、醇、酸等；②溶解蛋白类，如氢氧化钠、石灰等；③氧化蛋白类，如漂白粉、过氧乙酸等；④阳离子表面活性剂，如新洁尔灭等。

以下介绍几种最常用的消毒剂。

（1）氢氧化钠　对细菌和病毒均有强大的杀伤作用，且能溶解蛋白类，常用浓度1%～4%的热水溶液消毒被细菌、病毒污染过的用品，但金属器械和

笼子不能用，易造成腐蚀，对皮肤和黏膜有刺激性。

（2）生石灰　对繁殖型细菌有良好的消毒作用，而对芽孢杆菌和分支杆菌无效。临用前用1份生石灰加1份水制成的熟石灰，再用水配成10%～20%的石灰乳混悬液涂刷畜舍墙壁、畜栏、地面等。也可直接将石灰撒于潮湿地面、粪池周围和污水沟等处。防疫期间，貂场入口处要设置水泥制作的石灰消毒槽，也可在门口放置浸透20%石灰乳的垫草进行鞋底消毒，笼下地面每周撒1次生石灰粉。

（3）来苏儿　又称煤酚皂溶液，是含有47%～53%煤酚的肥皂制剂。对一般病原体有良好的杀菌作用，对芽孢杆菌和分支杆菌的作用弱。常用浓度为1%～2%的来苏儿水溶液用于体表、手指和器械的消毒；3%～5%的来苏儿水溶液可用于笼舍、污物的消毒。

（4）漂白粉　100 mL水中加0.3～1.5 g，适用于饮水消毒；5%～20%的混悬液适用于粪便消毒。

（5）甲醛溶液　常用2%～4%水溶液消毒地面、护理用具及饮食用具等。

（6）新洁尔灭、洗必泰等　对一般病原有强大的杀灭效能，消毒对象范围广，效力强，毒性低，无腐蚀性，性质稳定，能长期保存。但要避免与肥皂或碱类接触，以免消毒效力减弱。可用于体表、手术器械、创面［1：（500～1 000）］、环境、道路、器具等的消毒。平时喷洒消毒比例为1：（1 000～1 500），每10～15 d一次；疫病期间喷洒消毒比例为1：（100～300），每7 d一次。

（7）戊二醛　其碱性水溶液具有较好的杀菌作用。当pH为7.5～8.5时，作用最强，可杀灭细菌的繁殖体和芽孢、真菌、病毒等。可用于动物厩舍、器械、环境、体表、饮水、车辆、公共场所、排泄物等的消毒。

（8）聚维酮碘　其杀菌力比碘强，兼有清洁作用，毒性低，对组织刺激性小，贮存稳定，可用于手术部位、皮肤黏膜、细菌、病毒、真菌、环境、厩舍、器具、饮水等的消毒。

貂饮食用具应每周以0.1%高锰酸钾溶液消毒一次；笼舍和地面定期于"三前"（配种前、产仔前、分窝前）"二后"（检疫后、取皮后）以火焰或石灰乳、1%～3%苛性钠喷洒消毒一次；工作服和捕捉工具可每月消毒一次（用紫外线消毒30 min或流通蒸汽消毒30 min）；饲料加工调制机械和用具在每次加工使用后，立即用0.1%高锰酸钾或热碱溶液洗刷消毒。

二、防疫

（一）防疫工作的基本原则和内容

1. 防疫工作的基本原则

① 建立和健全貉场防疫制度。应在科学饲养管理的同时，制订常年防疫卫生条例和预防接种方案，并坚决贯彻执行。兽医防疫工作与饲养、繁育工作密切相关，只有各部门密切配合，大力协作，才能做好防疫工作。

② 贯彻"以防为主，防重于治"的方针，在诊疗上要"早发现，早诊断，早治疗"，做好平时的综合性防疫措施。

③ 认真贯彻执行兽医法律法规。

2. 防疫工作的基本内容

（1）平时的预防措施

① 坚持"自繁自养"原则，如需调动貉群，必须做好隔离饲养、疫病观察（尤其在疫病流行期间）和消毒工作；加强检疫工作，查明、控制和消灭传染源。

② 搞好消毒、杀虫、灭鼠工作，以切断传播途径。

③ 提高貉群对疾病的抵抗力，包括加强饲养管理（与貉群疾病密切相关），预防接种。

④ 治疗患貉的兽医操作要规范。

（2）发生疫病时的扑灭措施

① 及时发现、诊断并迅速上报疫情。

② 迅速隔离病畜，消毒，必要时封锁疫区。

③ 治疗病畜或合理处理病畜及其尸体。

④ 紧急接种（假定健康群）。

只要认真采用一系列综合性防疫措施，如查明病畜、畜群淘汰、隔离检疫、畜群集体免疫、集体治疗、环境消毒、控制传播媒介、控制带菌者等，经过长期不懈的努力是完全能够做好兽医防疫工作的。

（二）疫苗接种和免疫规程

1. 疫苗接种程序　对冷冻苗事先用冷水令其快速解冻；注射器与针头煮

沸，消毒备用；一貉一换针头；注射部位先用2%碘酊擦拭后，再以75%的酒精棉球脱碘消毒后注射，也可直接以酒精棉球消毒后注射；抽药前必须充分振荡疫苗，使之均匀，并要仔细检查疫苗瓶有无裂缝、瓶盖有无松动、形状是否有改变；确定有异常时，该疫苗不能使用。无论是冻干苗还是常温保存苗，每瓶启用后应一次用完。注意一定要按疫苗使用说明书操作。注射疫苗时，药液不能随地泄漏或注射在被毛上，用完疫苗后的空瓶不准随地乱扔。

2. 疫苗的免疫规程　接种疫苗可有效地预防传染病的发生。疫苗注入机体后，经一定时间（一般2周）可产生抗体，获得对该病的坚强免疫力。各种疫苗均有其特异性，不同的传染病使用不同的疫苗。目前，对貉病我国已生产有犬瘟热疫苗、犬细小病毒肠炎疫苗、狂犬病疫苗、肉毒梭菌病疫苗等。免疫期一般为6个月，每年可于7月和12月各注射一次。各种疫苗的用量、用法及注意事项可参照所附说明书。预防注射要求及时、准确、不漏注，疫苗采购、运输、保存与使用要合理，切忌用失效疫苗，以免贻误预防时机。

（1）犬瘟热弱毒疫苗　皮下注射3 mL，每年免疫2次，间隔6个月，仔貉断乳后2～3周接种。冰冻运输，于－15 ℃以下保存。融化后要在24 h内用完。

（2）病毒性肠炎灭活疫苗　皮下注射3～4 mL，每年免疫2次，间隔6个月，仔貉断乳后2～3周接种。常温运输和保存，严防结冻。

（3）阴道加德纳氏菌灭活菌苗　肌内注射1 mL，每年免疫2次，间隔6个月。常温运输和保存，严防结冻。

（4）绿脓杆菌多价灭活菌苗　肌内注射2 mL，每年免疫1次，仅供配种前15～20 d的母貉使用。常温运输和保存，严防结冻。

（5）巴氏杆菌多价灭活菌苗　肌内注射2 mL，每年免疫2次，仔貉断乳后2～3周接种。常温运输和保存，严防结冻。

（三）临床常用药物的使用规程

应坚决执行国家《兽药管理条例》《中华人民共和国药品管理法》《中华人民共和国兽药典》等有关国家规定。

1. 病毒性疾病的用药

（1）犬瘟热　一旦确诊患犬瘟热，要立即紧急接种疫苗，剂量是预防量的2倍；对症治疗可投服抗生素控制继发感染；发病初期可用高免血清皮下多点注射或静脉注射。

（2）病毒性肠炎　一旦确诊患病毒性肠炎，要立即紧急接种疫苗，剂量是预防量的 2 倍；对症治疗用抗生素控制细菌继发感染；用高免血清皮下多点注射进行特异治疗；对笼舍、地面要每日进行 1 次喷雾消毒。

2. 消化系统疾病的用药

（1）助消化　用维生素 B_1、乳酶生和胃蛋白酶等治疗。

（2）收敛止泻　用药用炭、鞣酸蛋白和次硝酸铋等治疗。

（3）消化道止血　用止血敏、仙鹤草素和维生素 K_3 等治疗。

（4）制酵消沫　用鱼石脂、大蒜酊、松节油、植物油等治疗。

（5）止吐　用甲氧氯普胺、多潘立酮、维生素 B_6、阿托品及氯丙嗪等治疗。

3. 呼吸系统疾病的用药　用对症抗生素及板蓝根及大青叶等治疗。

4. 泌尿系统疾病的用药　用青霉素、庆大霉素、阿莫西林、复方新诺明、诺氟沙星、环丙沙星、氧氟沙星、小诺霉素及磷霉素等治疗。

5. 寄生虫病的用药

（1）螨虫　用阿维菌素、多拉菌素和伊维菌素等治疗。

（2）蛔虫　于每年 1—8 月定期驱虫；治疗可选用枸橼酸哌嗪、左旋咪唑、阿维菌素、甲苯咪唑及多拉菌素等治疗。

6. 营养代谢性疾病的用药

（1）维生素 A 缺乏　治疗量繁殖期为每日每只 2 000～2 500 IU，非繁殖期为 500～800 IU，预防量为每日每只 500～1 000 IU。

（2）维生素 E 缺乏　治疗量为每千克体重 5～10 mg，同时用亚硒酸钠每千克体重 0.1 mg 效果好。

（3）维生素 C 缺乏　治疗量为 3%～5% 的抗坏血酸溶液，每只每日 2 次，每次 1 mL 滴入口中，直至症状消失；预防时，在母貉妊娠期每日每只 30～50 mg 补喂。

（4）维生素 B_1 缺乏　治疗时，每日每只口服 3～5 mg 或肌内注射 0.5 mg。

（5）维生素 B_2 缺乏　治疗时，每日每只口服 3～3.5 mg。

（6）维生素 B_7 缺乏　提倡非经肠管给药，每次每只 0.5～1 mg，每周 2 次，直至症状消失。

　　（7）缺硒　5月龄以内的幼貉用0.1%的亚硒酸钠肌内注射1.1 mL，口服1.5 mL治疗；5月龄以上的貉肌内注射1.5 mL，口服2 mL治疗。若结合用维生素E肌内注射或口服5～10 mg，效果更好。

第八章

常见疾病及其防治

第一节　常见病毒病及其防治

一、犬瘟热病

犬瘟热病是由犬瘟热病毒引起的一种高度接触性传染病，早期以双向热、白细胞减少、急性鼻卡他，以及随后的支气管炎、卡他性肺炎、严重的肠胃炎和神经症状为特征，少数病兽的鼻和足垫可发生角质化过度。

1. 病原　犬瘟热病毒为 RNA 病毒，主要存在于病兽的鼻液和唾液中，也见于眼分泌物、血液、脑脊髓液、淋巴结、肝、脾、脊髓、心包液及胸腹水中，通过尿液向外排毒，污染环境。本病毒可以在犬、雪貂、犊牛肾细胞以及鸡成纤维细胞中生长繁殖，在犬肾细胞中形成多核体以及核内或胞浆内包含体，可在鸡胚中培养。此病毒对紫外线和乙醚等有机溶剂敏感。最适 pH 7.0，在 pH 4.5～9.0 条件下也可以存活。在 $-70\ ℃$ 可存活数年，冻干可长期保存，但对热不稳定，$60\ ℃$ 持续 30 min 即可灭活，日光直射 14 h 可使病毒死亡。病毒对 3％甲醛溶液、5％苯酚以及 3％苛性钠溶液等敏感，能迅速失活。病犬为本病传染源，可通过空气飞沫、污染的饲料和饮水传播。主要经呼吸道和消化道感染，也可经眼结膜和胎盘感染。寒冷的冬季和早春多发，并形成 3 年一反复的周期性发病。

2. 症状　①潜伏期 3～4 d，也有的长至 30 d。病兽初期精神沉郁，食欲不振或无食欲，眼鼻流出浆液性分泌物，以后变为脓性，有时混有血丝、发臭。体温升高至 39.5～41 ℃，持续约 2 d，以后下降到常温，其他症状也好转，几天后体温又升高，持续数周（双向热型），病情又趋恶化，鼻镜、眼睑

干燥甚至皲裂，厌食，常有呕吐和肺炎发生，严重病兽发生腹泻，水样便，恶臭，混有黏液和血液。②神经症状一般在感染后3～4周出现，经胎盘感染的幼貉可在4～7周龄时发生精神症状，且成窝发作。神经症状视病毒侵害中枢神经系统部位不同而有所差异，呈现癫痫、转圈、共济失调、反射异常、颈部强直，肌肉痉挛，咬肌群反复节律性颤动。严重者出现惊厥昏迷，最后死亡。仔兽于7日龄内感染时常出现心肌炎，双目失明；在永久齿长出前感染，则表现牙齿生长不规则；妊娠貉感染后可发生流产、死胎和仔貉存活率低等症状。③本病单独发生时，症状轻微，但因常发生继发感染，病程差别很大，一般2周或稍长些，并发肺炎或肠炎的病程可能较长，发生神经症状的病程则更长，病死率差异也很大，为30％～80％不等。

3. **诊断**　因经常存在混合感染和细菌性感染，使临床症状较为复杂，根据症状和病变不易诊断，只有将临床症状和实验室检查结果相结合才能确诊。实验室检查主要包括以下几个方面，①包含体检查：生前可采取鼻、舌、眼结膜等处分泌物，死后则刮取膀胱、肾盂、胆囊胆管黏膜组织做成涂片，干燥染色镜检，如有包含体颗粒，可基本确诊。②病毒分离：直接从患病动物中分离较困难，但感染仔兽后，采病料经细胞培养分离。③血清学诊断：中和试验、荧光抗体和酶标抗体法都可诊断本病。

4. **防治**　发现疫情应立即隔离病貉，深埋或焚烧病死貉尸，用消毒液对器具、场地、貉舍等进行彻底消毒，对未出现症状的同群貉和其他受威胁貉紧急预防注射。病貉使用血清和抗生素进行治疗，具有一定疗效。平时要严格遵守兽医卫生防疫措施，坚持使用疫苗防疫，免疫时确保貉没有感染犬瘟热或在犬瘟热潜伏期。若在发病期和潜伏期，免疫将造成大面积死亡。

二、病毒性肠炎

病毒性肠炎又称传染性肠炎，是由细小病毒引起的一种急性、热性、高度接触性传染病。特征是高热、出血性肠炎和心肌炎。本病发病急，传播快，流行广，有很高的发病率和死亡率，多呈暴发性经过。本病于1984年8—9月开始在黑龙江省部分地区首次发生，继而在各地貉场和养貉专业户的貉群中流行，是严重危害养貉业的重大传染病之一。

1. **病原**　貉传染性肠炎病毒属于细小病毒科细小病毒属，在电子显微镜下为直径23～28 nm的球形粒子病毒，基因组成为单股DNA。囊膜呈二十面体对称，病毒衣壳由 23 个长 2～4 nm 的壳粒组成。本病毒对外界环境有较强的抵抗力，在污染的貉舍里能保持 1 年的毒力，于 56～60 ℃存活 60 min，在 pH3～9 稳定。病毒对胆汁、乙醚、氯仿等有抵抗力，煮沸能杀死病毒，0.5%甲醛溶液、苛性钠溶液在室温条件下 12 h 可使病毒失去活力。病毒在 40 ℃、22 ℃、25 ℃条件下能凝集猪和恒河猴的红细胞，此特点对本病的诊断有重要意义。

本病主要由直接接触细小病毒或间接接触病貉的粪便、尿液、呕吐物、唾液及污染的食物、垫草、食具而感染。康复貉粪尿中有长期带毒的可能性。此外，还有一些无临床症状的带毒貉，也是危险的传染源。本病的发生无明显季节性。

2. 症状　病貉精神沉郁，食欲减少直至完全废绝，拱腰蜷缩于笼内，似有腹痛症状。呕吐、腹泻症状明显，呕吐物开始呈黄水状，有的带有少量食物残渣，后期均为胃液。腹泻物颜色各不相同，早期为黄白色、粉红色或黄褐色，后期则为咖啡色、巧克力色或煤焦油状；有的带有血样物或粉红色黏膜样物；有的粪便呈不规则的圆柱状。笼内外到处是污物及粪便，貉躯体常被污物弄脏。到后期极度衰竭死亡。病程短者则 1～2 d，长者 5～6 d 即死亡。少数幼貉能耐过，多成为发育不良貉或成僵貉，即使长大也多不能繁殖。成年貉发病症状较轻，呈一过性腹泻，且多能治愈。本病的潜伏期为 7～14 d。一般先呕吐后腹泻，粪便先呈黄色或灰黄色，覆有多量黏液及假膜，而后粪便呈番茄汁样，带有血液，有特殊难闻的腥臭味。病貉精神沉郁，食欲废绝，体温升至 40 ℃以上（也有体温不升高的），并迅速脱水。也有患貉呈间歇性腹泻或排软便。

3. 诊断　依据流行病学、临床症状和剖检变化可作出初步诊断。可根据高热、顽固性腹泻、出血性胃肠炎、急性心肌炎变化，仔貉发病率高于成年貉，应用抗生素和磺胺类药物治疗无效，细菌学检查为阴性等特征进行初步诊断。进一步确诊需经实验室检查。

（1）包含体检查　取小肠黏膜刮下物涂片，进行苏木精-伊红染色，过程与犬瘟热包含体检查方法相同。在小肠黏膜上皮细胞内见周边规整圆形的红色核内和胞浆内包含体。

（2）动物接种　选择来自非疫区、未接种过本病疫苗、断乳 2 周以上的健康仔貉、幼犬为实验动物。无菌采取濒死期病貉或死后不久的貉肝、脾、肠、血等,加双抗各 2 000 IU,用生理盐水制成 1∶5 倍的乳剂。实验动物经口投给 15～20 mL 或腹腔注射 3～5 mL,经 1 周左右后发生肠炎典型症状,即可确诊。

(3) 血凝试验(HA)和血凝抑制试验(HI) 是简便可靠、快速的特异性诊断方法。此法在 96 孔 U 形微量塑胶反应板上进行,其原理是该病毒对猪和恒河猴的红细胞具有良好的凝集作用,可以检查粪便样品,也可以检查血清样品。

电镜和免疫电镜、荧光抗体技术、免疫扩散试验、血清中和试验等多种诊断方法可用于诊断本病。

4. 防治 该病以预防为主,疫苗免疫能起到良好的保护效果,貉免疫后都能得到良好的保护,如遇到发病动物,对未发病的全群动物进行紧急接种也能起到良好的保护效果。注意对病貂的保温工作,发病貂应禁食 1～2 d,恢复期要少喂鸡蛋、肉类饲料,给予稀软易消化的食物,少量多次,以减轻胃肠负担,提高治愈率。治疗以止吐、消炎、补液、增强免疫力为主。

三、狂犬病

狂犬病是由狂犬病病毒引起的人兽共患的急性传染病。病毒主要侵害中枢神经系统,病畜的临床症状是呈现狂躁不安和意识紊乱,最后发生麻痹而死亡。

1. 病原 狂犬病病毒为弹状病毒科狂犬病病毒属。病毒粒子的直径为100～150 nm,有嗜神经性,主要存在于动物的中枢神经组织、唾液腺和唾液内。病毒对酸碱、甲醛溶液等消毒药敏感。1‰～2‰肥皂水、43%～47%酒精、丙酮、醚都能使之灭活。病毒不耐湿热,56 ℃经 30 min、70 ℃经 15 min就失去感染力。紫外线和 X 线照射均能使病毒灭活。人和各种畜禽对本病都有易感性。本病的传播方式一般由患病动物咬伤而感染,也可能通过不显性皮肤或黏膜传播,如屠宰犬科动物等引起感染。

2. 症状 自然病例的潜伏期差异很大,与动物的易感性、咬伤部位离中枢神经的距离、侵入病毒的毒力和数量有关。一般为 2～8 周,最短 8 d,长者可达数月甚至 1 年以上。各种动物的临床表现大致相同,一般可分为狂暴型和沉郁型两种。此外也有一些不典型的病例。

典型病例按病程发展大致可分为前驱期、兴奋期和麻痹期三个阶段。前驱期：病貉常躲在暗处，不愿和人接近，也不听呼唤，性情与平时大不相同。反射功能亢进，轻度刺激即高度惊恐或跳起，有时呆立凝视，有时望空扑咬。病貉食欲反常，喜吃异物，喉头轻度麻痹，吞咽食物时颈部伸展，唾液分泌增多，此过程约为 2 d。兴奋期：病貉呈现高度兴奋，常攻击人畜。这种狂暴的发作往往和沉郁交替出现。麻痹期：病貉极度消沉，呈现明显的麻痹症状，如下颌下垂，舌脱出口外，大量流涎，不久后躯和四肢麻痹，卧地不起，最后因呼吸中枢麻痹或衰竭而死。整个病程为 6～8 d，少数病例可延长到 10 d。貉的沉郁型表现为兴奋期短或轻微，而迅速转入麻痹期，出现喉头、下颌、后躯麻痹，流涎，张口，吞咽困难等，经 2～4 d 死亡。

3. 诊断　如果患病动物出现典型的病程，即各个病期的临床表现非常明显，结合本病特征可作出初步诊断，但患有本病的病兽早在出现症状前 1～2 周即已从唾液中排出病毒，所以当动物或人被可疑病兽咬伤后应及早对可疑病兽作出确诊，以便对被咬的人畜进行必要的治疗，否则将延误时间，影响疗效。为此应将可疑的病兽拘禁或扑杀，送有关部门进行实验室诊断。

4. 防控　目前世界上尚无有效的方法用于治疗已发病的病例。预防狂犬病的发生必须接种疫苗。平时的预防措施主要是贯彻"管、免、灭"的综合性防治措施。管：加强对家犬及一切狂犬病隐性感染率高的动物管理，使它们不能咬伤人和其他动物，从而也就切断了狂犬病传播的主要途径。免：主要是加强对家犬及一切狂犬病多发动物的免疫，提高易感动物的抵抗力，动物体内的抗体能够中和进入体内的病毒，避免狂犬病的传播。灭：扑杀一切发病的动物和野犬，消灭狂犬病的主要传染源。

四、伪狂犬病

伪狂犬病，又称阿氏病，是由伪狂犬病病毒引起的多种动物共患的一种急性传染病。本病特征是发热、奇痒、脑脊髓炎和神经节炎。近几年，我国貉伪狂犬病也呈现多发状态。除猪以外其他动物发病后均有皮肤奇痒症状，所以有人称它为"疯痒病"。

1. 病原　伪狂犬病病毒为疱疹病毒科疱疹病毒属。本病毒含双股 DNA，病毒的直径为 100～150 nm。能在兔和豚鼠的睾丸组织中培养繁殖。各种途径都能使鸡胚感染，在绒毛尿囊膜上接种，可产生小点状病灶，一般 3～5 d 后鸡胚死亡。伪狂犬病病毒又名猪疱疹病毒 1 型。本病抵抗力的特点是耐干燥、耐冷、耐酸、怕碱。夏天能活 30 d，冬天能活 46 d。温热、紫外线、氢氧化钠、醛类、过氧乙酸能很快将它杀死，所以效果较好的消毒剂是 1‰～3‰的氢氧化钠溶液。在自然条件下，本病最常见于牛、羊、猪、犬、猫和鼠类，水貂、狐狸、浣熊和鹿等均可自然感染。人和奇蹄兽一般不感染。家兔最为敏感。貂多因食用了感染伪狂犬病的猪的副产品而感染，貂感染后很少发生水平传播，感染后通常以死亡告终。病畜和带毒动物是传染源，其中最重要的是猪和鼠类。病毒可通过呼吸道、消化道、损伤的皮肤、黏膜等多种途径使易感动物感染发病，也可通过交配或吸血昆虫叮咬传播。本病在貂养殖中发病无明显的季节性。

2. 症状 潜伏期 1～8 d，由于各种动物的发病机制不同，所以症状差异较大。貂主要呈现脑膜炎和败血症的综合症状，有瘙痒现象，但随年龄的不同有很大的差异。20 日龄以内的仔貂感染后，症状最为典型、严重。病初体温升高到 41～42 ℃，后期降至常温以下。病貂精神极度委顿，食欲废绝，间有呕吐和腹泻。当中枢神经受侵害时，出现神经刺激和麻痹症状，最后昏迷死亡。病程 1～2 d，病死率高，貂感染后多呈急性死亡，剖检可见全身脏器出血。一旦感染，可引起巨大损失。应禁止饲喂未经彻底熟制的猪副产品；如饲喂，必须经过彻底熟制。

3. 诊断 本病在流行病学上具有一定的特点。例如，貂有过饲喂猪副产品的历史或饲养场附近有猪场，同时发病率和死亡率高。在症状上，有体表瘙痒现象。若结合病理解剖变化，一般均可作出诊断，但确诊本病必须进行实验室检查。可采取大脑、延脑、小脑、海马角、肝、脾、肺等病料置 50%甘油盐水中送实验室检查。

(1) 动物接种试验 取病料制成悬液，加入青霉素、链霉素，低速离心后取上清液接种家兔，皮下或肌内注射 1 mL。凡出现奇痒、啃咬、皮肤损伤、四肢麻痹及死亡者，判定为阳性。

(2) 免疫荧光法 取脑组织压片或切片，用荧光抗体染色，神经节细胞的胞浆及核内见到荧光，即可判为阳性。本法具有特异性高、灵敏和快速等优点。

4. 防控 本病目前无有效的治疗方法，抗血清治疗有一定效果。在预防中，应采取综合性防治措施。首先，要对肉类饲料，如猪及其他副产品进行兽医卫生检疫，凡认为是可疑的，必须做无害处理。应严防犬、猫窜入场内，并加强灭鼠。发现本病后，应立即停喂被伪狂犬病污染的肉类饲料，更换新鲜、易消化、适口性强、营养全价的饲料。同时应用抗生素控制继发感染，隔离病貉和可疑病貉。耐过貉应隔离至打皮期取皮，并进行彻底消毒。

五、貉传染性肝炎

传染性肝炎，也称为狐狸脑炎，是由犬传染性肝炎病毒所引起的犬科动物的一种急性败血性传染病，近几年来狐、貉常有发生，水貂也呈上升趋势。本病特征是循环障碍，肝小叶中心坏死，肝实质细胞和内皮细胞的核内出现包含体。

1. 病原　传染性肝炎病毒属于腺病毒科哺乳动物腺病毒属，病毒的抵抗能力强，在室温下可存活 10～13 周。病狐、貂、貉是本病的传染源。发病动物的呕吐物、唾液、鼻液、粪便和尿液等排泄物和分泌物中均带毒；康复后的动物可获得终生免疫，但病毒能在肾脏内生存，经尿长期排毒。主要通过消化道感染，也可以通过体外寄生虫为媒介传染，但不能通过空气经呼吸道感染。本病无季节性特征，各性别和品种均可发病，尤其是不满 1 岁的狐和貂感染率和致死率都很高。

2. 症状

（1）肝炎脑炎型　潜伏期为 2～8 d，轻症病兽仅见精神不振，食欲稍差，往往不被人注意。重症病兽，体温升高至 40～41 ℃，采食减少或废绝，有时呕吐，粪便初期呈黄色后变为灰绿色，最后变为煤焦油状，黏而黑，机体衰竭。有的病兽在死前有神经症状，全身抽搐，呕吐白沫，很快死亡。部分病例的眼、鼻有浆液性黏性分泌物，白细胞减少，血液凝固时间延长。急性病兽突然发病，采食停止，1 d 左右死亡。

（2）呼吸型　潜伏期为 5～6 d，患病动物体温升高 1～3 d，精神沉郁，采食减少到停止，呼吸困难，咳嗽，有脓性鼻液，有的发生呕吐，常排出带黏液的黑色软便。临床上肝炎脑炎型和呼吸型常常同时发生，单一出现的较少。脑炎肝炎型病例，腹腔内积存大量的污红色的腹水。肝脏肿大，被膜紧张呈黑红色。胃肠黏膜弥漫性出血，肠腔内积存柏油样黏粪。具有神经症状的貉，脑膜充血严重。

3. 诊断　根据临床症状，结合流行病学特点和病理剖检变化可作出初步诊断。必要时，可采取发热期动物血液、尿液，死亡后采取肝、脾及腹腔积液进行病毒分离，还可采用 PCR 方法进行基因检测。

4. 防治　一般采取输液疗法，纠正水、电解质的紊乱，用抗生素治疗继发感染。也可用大青叶、板蓝根等进行肌内注射。同时应注意加强饲养管理，对全群健康动物应用黄芪多糖等抗病毒药物拌料，连喂 5～6 d。本病主要通过疫苗免疫进行预防，注意环境卫生，加强饲养管理，发病后立即隔离治疗，对发病污染的环境彻底消毒，同时对全群进行预防性投药。

第二节　常见细菌病及其防治

一、阴道加德纳氏菌病

1. 病原　本病由阴道加德纳氏菌引起，以空怀、流产为主要特征。各品种狐狸均易感，水貂、貉也感染，北极狐易感性更高，主要通过交配感染。妊娠 20～45 d 出现流产。

2. 症状　母貉感染该细菌后引起阴道炎、子宫颈炎、尿道感染、膀胱炎，产生恶臭与灰白色阴道分泌物。该菌与酵母菌或滴虫混合感染引起瘙痒，主要导致动物不孕与流产。公貉感染可引起前列腺炎、包皮炎，性功能降低，严重影响其繁殖力。

3. 诊断　根据临床症状和流行特点可以作出初步诊断。最终确诊还要进行进一步的血清学检查和细菌学试验，排除引起妊娠中断的其他疾病和原因，如饲料质量不佳、环境不安静、管理不善。该病要与布鲁氏菌病等加以区别，所以要做细菌和血清学检查。

4. 防治　配种前要用阴道加德纳氏菌虎红平板凝集抗原进行检疫，淘汰病兽，对健康兽注射疫苗防疫，是清除本病的有效措施，一般在每年的冬季配种前进行免疫。同时要加强养殖场的卫生工作，对流产的胎儿与病兽的排泄物和分泌物及时消毒处理，不要用手触摸，笼网用火焰消毒，地面夏季用 10% 生石灰乳消毒，冬季用生石灰粉撒布。对新引进的种兽要检疫，进场后要隔离观察 7～15 d 方可混入大群。

二、巴氏杆菌病

巴氏杆菌病多是由环境中或是生食猪、鸡、鸭的副产品感染的多杀性巴氏杆菌引起的。貉多以急性经过，急性病例以败血症和肺炎为主要特征。临床上以大叶性肺炎、肝肿大、脾肿大出血、出血性肠炎为特征。常呈地方性流行，给貉饲养业带来很大的经济损失。

1. 病原　多杀性巴氏杆菌是两端钝圆中央微凸的短杆菌，革兰氏染色阴性。本菌存在于病兽全身各组织、体液、分泌物及排泄物里。普通消毒药的常用浓度对本菌都有良好的消毒力，但克辽林对本菌的杀伤能力较差。

2. 症状

（1）传染性鼻炎　本类型传播快，病程较长，主要表现为鼻黏膜发炎，流出浆液性鼻液，以后转为黏液性或化脓性鼻炎。动物常表现为咳嗽，打喷嚏，上唇和鼻孔周围被毛潮湿，皮肤红肿，形成皮炎，由于鼻泪管堵塞从而引起流泪或发生化脓性结膜炎。感染后多数病貉暴死，多见于当年出生的仔貉，病初体温升高，达 40 ℃以上，食欲减少，不久废绝，鼻部干燥，呼吸困难，多从鼻孔流出血样泡沫而死亡，病程为 1～3 d。

（2）肺炎型　发病的幼龄动物表现采食减少或停止采食，精神不振，有的发生咳嗽，呼吸加快，体温升高到 40 ℃以上，无呕吐与腹泻症状。停止采食 1～2 d 很快死亡。死亡动物全身浆膜，黏膜充血，出血，淋巴结肿大。死于肺炎型的动物，呈严重的出血性、纤维素性肺炎变化，肺表面附着纤维素团块，后期可见肺脓肿。

（3）败血型　病兽精神沉郁，采食停止，呼吸急促，体温高达 40 ℃以上，排水样便，后排带血的稀便。临死前体温下降，四肢抽搐，尖叫，病程短的 24 h 死亡，稍长的 3～4 d 死亡。最急性型不见任何临床症状而突然死亡。死于败血症的动物，心与肺严重出血、充血；肝脏出血、肿胀，其表面附着大量纤维素性渗出物；肠管内有许多纤维素性渗出物附着；肾出血。

3. 诊断　根据流行病学材料、临床症状和剖检变化，结合对病貉的治疗效果，可对本病作出诊断，确诊需要进一步进行实验室检验。

（1）细菌学检查

涂片镜检：取新鲜病料心血、肝、脾、淋巴结涂片，以瑞氏染色、革兰氏染色后镜检，发现两极着色的革兰氏阴性小杆菌。

分离培养：以无菌操作用接种针从死貉的心血、肝脏、脾脏无菌取病料，划线接种于普通琼脂培养基或鲜血平板培养基上，37 ℃经 24 h 培养，检查菌落形态。特点为灰白色、小而透明露珠状菌落，不溶血。45°折光观察，Fo 型呈橙色荧光，Fg 型呈蓝绿色荧光。

纯培养：在平板培养基上，选定菌落镜检，确定后将培养物移植于斜面培

养基上，再行培养，以便进一步鉴定。

生化鉴定：将纯培养物镜检后进行生化鉴定。分解葡萄糖、蔗糖和甘露醇，不分解鼠李糖，甲基红试验阴性，靛基质试验阳性。注意与鼠疫杆菌、土拉伦杆菌、溶血性巴氏杆菌鉴别。

（2）动物试验　用新鲜病料血、肝、脾、淋巴结制成悬液，接种易感动物，小鼠 1 mL，家兔 4～5 mL，腹腔注射，发病或死亡后，以脏器或心血涂片镜检，发现该菌。

4. 防治　发生本病时应立即隔离病兽。全场用 10% 石灰水或 2%～3% 火碱进行消毒。全群投服抗生素，严重个体进行肌内注射。发生本病后可对未发病貉紧急免疫，每年免疫 2 次，同时要加强饲养管理，做好环境消毒工作，定期消毒。

三、大肠杆菌病

本病是由致病性大肠杆菌所引起的一种急性传染病，常见于新生貉及幼貉。表现为肠炎、肠毒血症、败血症等，使貉生长发育受阻和死亡，造成巨大的经济损失。

1. 病原　致病性大肠杆菌为大肠杆菌科埃希氏菌属中的大肠杆菌的某些血清型，本属菌为革兰氏阴性短杆菌。在普通培养基上生长后形成光滑、湿润、乳白色、边缘整齐、中等大小菌落，在麦康凯培养基上形成紫红色的菌落。本菌对外界因素抵抗力不强，60 ℃经 15 min 即可死亡，一般消毒药均易将其杀死。

致病性大肠杆菌的许多血清型均可引起各种家畜禽发病。病兽和携带者是本病的主要传染源，通过粪便排出病菌，散布于外界，污染水源、饲料以及母貉的乳头和皮肤。当仔貉吮乳、舔舐或饮食时，经消化道而感染。本病一年四季均可发生。

2. 症状　以断乳前后的仔貉发生最多，成年貉很少发生。潜伏期 2～5 d，初期粪便稀软，呈黄色粥状，随后腹泻加剧，粪便呈灰白色，带黏液和泡沫。体温升高至 40～41 ℃，有时伴有呕吐。粪便中有条状血液和未消化饲料。严重的引起水样便、肛门失禁、里急后重，可引起直肠脱或伴发肠套叠，心跳加快。病貉迅速消瘦、弓腰、眼窝下陷、乏力，临死前体温下降。死亡的动物被毛粗乱无光，腹部膨胀，腹水呈淡红色，肠管浆膜面出血。胃壁有数个出血斑，肝脏出血，表面附有纤维素膜和坏死灶，肺脏呈出血性纤维素性肺炎变化。肾脏出血变性。

3. 诊断　根据流行病学、临床症状和病理变化可作出初步诊断，确诊需进行细菌学检查。

（1）镜检　取实质脏器和心血涂片，本菌为中等大小杆菌，革兰氏染色阴性，美蓝染色常两极重染。

（2）分离培养　在普通琼脂和肉汤中即能生长。在 SS 琼脂上，大肠杆菌多数被抑制而不能生长，少数生长的细菌产生深红色菌落。在麦康凯培养基上长出扁平、直径 1～2 mm 的粉红色菌落；在普通肉汤中呈均匀的混浊，有粪臭气味；三糖铁琼脂培养基上培养基底部全部变成黄色。

（3）血清学鉴定　以纯培养物与大肠杆菌多价血清做玻板凝集试验。2～3 min 内出现凝集者判为阳性；然后再用单价因子血清进行同样的凝集试验，凝集后方能写出大肠杆菌的抗原式。大肠杆菌是动物肠道常在的条件性致病菌，多数无病原性，动物死后肠道中的大肠杆菌移行到内脏。因此，进行细菌学检查，应取濒死期扑杀的病貉或刚刚死亡的病貉，并应进行本动物回归试验。

4. 防治

（1）可使用经药敏试验对分离的大肠杆菌血清型有抑制作用的抗生素药物，并辅以对症治疗。近年来，使用活菌制剂，如促菌生、调痢生等治疗貉腹泻有良好功效。脱水的动物可适当口服补液盐，让幼兽自由饮水服用。当幼兽不能饮水又无法进行静脉补液时，可用等渗盐水和抗菌药物进行腹腔内注射。

（2）怀孕母貉应加强饲养和护理，仔貉应及时吮吸初乳，饲料配比适当，勿使饥饿或过饱，断乳期饲料不要突然改变，要防止各种应激因素的不良影响。

四、肺炎克雷伯氏菌病

肺炎克雷伯氏菌（*Klebsiella peneumoniae*）属肠杆菌科肠道杆菌属克雷伯氏菌种，典型的条件致病菌，在自然界、人和动物体内广泛存在。正常情况下带菌动物不发病，但当机体抵抗力下降或本菌大量增殖时，会引起动物发病甚至暴发性流行。肺炎克雷伯氏菌是当前危害动物和人类最为严重的条件致病菌之一，可引起支气管炎、肺炎、泌尿系统和创伤感染、败血症、脑膜炎、腹

膜炎等。随着我国特种经济动物养殖业的迅猛发展，该病对毛皮动物的危害日益严重。同时该病对人类的危害也日益加剧，曾有多次报道该病在人和动物中流行，且关注度日益提高。

1. 病原　肺炎克雷伯氏菌属于肠杆菌科克雷伯氏菌属，为革兰氏阴性、兼性厌氧杆菌，既是一种可引起多种动物患病的条件性致病菌，又是一种人兽共患病病原，广泛分布于自然界中，主要存在于人和动物的呼吸道、肠道和泌尿生殖道，是重要的呼吸系统感染疾病的病原。近年来，肺炎克雷伯氏菌对毛皮动物的危害越来越严重，主要导致毛皮动物肺炎、子宫炎、乳腺炎及其他化脓性炎症，发病率呈上升趋势，给毛皮动物养殖业造成了巨大的损失。

2. 症状　肺炎克雷伯氏菌对禽类和多种哺乳动物均具有较强的致病性和传染性，水貂和鼠等均易感，主要是哺乳期和育成期动物易感，临床上常出现两种类型，即败血症型和脓肿型。败血症型病程短、死亡急。脓肿型病程较长。从幼龄期到成年期都有发病，哺乳期和育成期毛皮动物发病严重，以6—10月多发，多表现为呼吸困难，体温升高，死前鼻孔有出血，母兽有流产、死胎，个别有呕吐、腹泻症状。

毛皮动物肺炎克雷伯氏菌病的病理变化主要表现为肺出血，气管、支气管内有粉红色的泡沫样液体，淋巴结肿大，十二指肠黏膜有点状出血，母兽子宫壁增厚，子宫黏膜有出血斑等。脓肿型病例：体表及内脏淋巴结肿大，切开后内有黏稠的白色或淡蓝色的脓汁，内脏呈现败血症变化，充血和瘀血。蜂窝织炎型病例：局部肌肉呈暗红色或灰褐色；肝脏明显肿大，被膜紧张，充血瘀血，质地脆软，切面有大量凝固不全的暗红色血液流出，切面外翻；脾脏肿大2~3倍，充血瘀血，呈紫黑色，被膜紧张，边缘钝化，切面外翻；此外肾上腺表现为肿大，切面有小脓肿。麻痹型病例：常见膀胱内充满黄红色的尿液，膀胱黏膜肿胀增厚，脾脏和肾脏肿大。败血型病例：死亡动物大多营养状况良好，常见纤维素性化脓性肺炎，肝脏、脾脏肿大，肾脏有出血点、瘀血斑或出血性梗死，心内膜炎、心外膜炎。

3. 诊断　根据临床症状、病理变化、微生物学诊断结果，可确诊此病是由肺炎克雷伯氏菌感染引起。

4. 防治　目前肺炎克雷伯氏菌对诺氟沙星、左氧氟沙星、呋喃妥因、氧哌嗪青霉素、头孢他啶、环丙沙星、妥布霉素、链霉素、庆大霉素、四环素、利福平、卡那霉素、红霉素、万古霉素、青霉素G、苯唑青霉素、复方新诺明、氨苄青霉素、四环素、甲胺四环素、复方新诺明、乙酰螺旋霉素、林可霉素等药物有耐药性，治疗时先进行药敏试验。

肺炎克雷伯氏菌是重要的人兽共患病病原，可在全身许多器官引发感染，对缺乏抵抗力的个体来说有明显的发病率和死亡率。虽然抗生素仍然是治疗肺炎克雷伯氏菌感染的最有效手段，但随着抗生素的滥用，肺炎克雷伯氏菌的多重耐药性使治疗其感染变成一个非常棘手的问题，控制肺炎克雷伯氏菌病流行必须控制其传染源，肺炎克雷伯氏菌传染源不仅包括发病者，还包括肺炎克雷伯氏菌带菌者。

五、绿脓杆菌病

绿脓杆菌病又称出血性肺炎，是由铜绿假单胞菌（又称绿脓杆菌）引起的以出血性肺炎和肺水肿病变为特征的高度急性接触性传染病。貂、貉、狐等动物均易感。绿脓杆菌广泛分布于土壤、水、空气以及动物的肠道内和皮肤上。该菌是动物体内在菌，为条件致病菌，机体抵抗力降低时，可引起感染。本菌能产生水溶性的绿脓素和荧光素，可使培养物和脓汁、渗出液等病料带绿色而得名。本病菌污染的肉类饲料，患病和带菌动物及带菌的蚕蛹是本病的传染源，发病无明显季节性，8—11月动物换毛期间常呈地方性流行，给毛皮动物养殖业造成巨大的经济损失。

1. 病原　铜绿假单胞菌（*Pseudomonas aeruginosa*）俗称绿脓杆菌，是假单胞菌科（Pseudomonadaceae）假单胞菌属（*Pseudomonas*）成员。该菌为一种条件致病菌，受该菌感染后常可产生绿色脓汁，所以习惯上称之为绿脓杆菌。

绿脓杆菌是一类专性需氧生长、不产生芽孢的革兰氏阴性杆菌，大小为（1.5～3.0）$\mu m \times$（0.5～0.8）μm，为两端钝圆的短小杆菌。细菌长短不一，单个存在或成双排列，偶见短链。细胞膜由细胞质膜、黏肽层和外膜三层结构组成，外膜由磷脂、蛋白质和脂多糖构成。无明显荚膜，但胞壁外有黏液层，所有菌株都能运动。电镜下菌体为一端单鞭毛并有很多菌毛，运动活泼，极少菌株端生鞭毛可达3根。无芽孢，广泛分布于土壤、水和空气中。绿脓杆菌的适应能力极强，能在各种复杂的生态环境中生存。营养需求量低、抑制竞争者以及耐药性强是绿脓杆菌适应多种生活环境的基础。

绿脓杆菌可产生三种菌落型：来自土壤和水中的绿脓杆菌产生典型的小而

粗糙型菌落；临床样本通常产生一个或两个光滑型菌落，像煎鸡蛋一样有大而光滑的外表、平整的边缘和突起的表面；还有一种类型，通常来自呼吸道和泌尿道的分泌物，有黏液样外观，这是由于产生黏性藻酸盐的结果。据推测光滑型和黏液型的菌落具有致病性。

2. 症状　自然感染病例潜伏期1～2 d，最长的4～5 d，呈急性或超急性经过。患病动物发病后食欲废绝，精神极度沉郁，体温升高，鼻镜干燥，行动迟缓，流泪和鼻液，继而呼吸困难，多呈腹式呼吸，肺部可听到啰音。有些病兽咯血和鼻出血，发病后1～2 d死亡。

典型病例为出血性肺炎，肺部充血出血、肿大，严重者呈大理石样病变，切面流出大量血样液体，肺门淋巴结肿大。胸腺布满大小不等的出血点或出血斑，呈暗红色。心肌弛缓，冠状沟有出血点。胸腔充满浆液性渗出液。脾脏肿大2～3倍，有散在出血点。肾脏皮质有出血点和出血斑。胃和小肠前段内容物混有大量血液，淋巴结充血、水肿。肺脏呈大叶性、出血性、纤维素性、化脓性、坏死性组织学变化，肺组织中的细小动脉、静脉周围有清晰的绿脓杆菌群。

3. 诊断　根据临床症状及剖检变化可作出初步诊断，确诊可通过细菌学检查。

4. 防治　接种疫苗能起到一定的预防作用。对治愈的病兽隔离饲养到取皮时淘汰。由于不同的绿脓杆菌菌株对不同的抗生素药物的敏感性不同，疗效也颇不一致。对发病貉筛选敏感药物治疗，最好两种以上药物交替使用。

养殖场发生化脓性肺炎主要原因是饲喂被绿脓杆菌污染的饲料。接种绿脓菌福尔马林灭活疫苗，能起到一定的预防作用。注意饲料及饮水卫生，被病兽污染的笼舍、地面、用具等进行彻底消毒，场区内禁止养犬、猫，定期灭鼠等。为了减少损失，尽快控制疫情，立即进行实验室检验。通过实验室及时诊断，再进行药敏试验，控制疫情。

六、链球菌病

本病是肺炎链球菌（又称肺炎球菌）引起的多种毛皮兽特别是幼兽的一种细菌性传染病，也称肺炎链球菌败血症。近年来在山东东南沿海地区暴发流行较为严重。

1. 病原　链球菌科链球菌属（Streptococcus）成员目前有30多种，比较常见的有 10 余种。根据兰氏（Lancefield）分群方法，将链球菌分为 20 个血清群（A～V，I、J 除外），其中 A 群链球菌如化脓链球菌（*S. pyogenes*）主要引起人的猩红热、风湿性心脏病、产褥热及各种败血症，灵长类动物亦可发生类似感染。对野生动物有致病性的链球菌主要是 B、C、D、E、Q、R 等群。链球菌是革兰氏阳性球菌，不能运动，不形成芽孢，兼性厌氧，呈卵形或正球形，成双，以短链或以长链形式存在。在固体培养基中常呈短链，在液体培养基中则呈长链。大多数有致病力的菌株幼龄培养物中可见荚膜。

2. 症状

（1）急性型　症状潜伏期为 2～5 d。发病后精神萎靡，食欲废绝，体温偏高，四肢无力，有的两后肢不能正常站立。头部痉挛性震颤，有的从鼻腔和口腔中流出含有血样的红色液体，有的腹泻，粪便呈煤焦油样，常在几小时至 2 d 内死亡。新生仔兽常在无特征性临床症状的情况下突然死亡。

（2）亚急性型　症状采食量逐渐下降直至废绝，精神萎靡，步态不稳，鼻腔流出浆液或脓性分泌物，有的伴有严重腹泻。病程多为 5～10 d。

剖检可见喉头、气管有出血点，有的气管内有泡沫样血液，肺严重出血、瘀血、水肿，有的可见化脓灶胸腔；心包积液，有的含有纤维蛋白渗出物；胃黏膜脱落，胃壁有严重的炎症和出血点，有的可见溃疡；肠黏膜脱落，肠壁出血严重，有煤焦油状内容物；脾、淋巴结肿大，有的可见坏死灶；肾有出血斑。

3. 诊断

（1）病原学诊断　细菌检验时，有败血症状的动物可取心血、肝脏或肺脏，有脑炎症状的动物可取脑脊液；有乳房炎或子宫炎的动物可取奶样或阴道分泌物。从肺部分离链球菌时须谨慎，多杀性巴氏杆菌、胸膜肺炎放线杆菌常被分离到。链球菌培养营养要求较高，5% 绵羊血琼脂（THA）效果较好。A、B、C、G 群链球菌多呈 β 溶血，猪链球菌 2 型等呈 α 溶血。微量生化实验可用于链球菌的诊断，并已积累了大量的经验，但总体来说，链球菌生化反应不活泼，不同种的链球菌或同一种不同亚种或不同菌株间有差异，因此生化试验最好与血清学鉴定相结合。

（2）血清学诊断　兰氏分群的诊断目前仍是链球菌血清学检查、鉴定最经典的方法。猪链球菌根据其荚膜多糖抗原性不同，分为 35 个不同的血清型，该抗原也是猪链球菌血清学鉴定的基础。常用的方法有玻板凝集试验、乳胶凝集试验、协同凝集试验。

（3）分子生物学诊断 分子生物学诊断是目前链球菌鉴定中发展最快的方法，尤以 PCR 诊断试剂盒最为实用。

4. 防治 因肺炎球菌可产生抗药性，投药之前应根据药敏试验结果确定药物，应用一个疗程疗效不佳的要立即更换其他类药物。

严禁场外人员互访养殖场，以免引起交叉感染。禁止饲喂没有煮熟的动物性饲料。笼舍和饲养场内外彻底消毒，交叉使用不同种类的消毒药，避免该菌产生耐药性。加强饲养管理，添加维生素，增强机体抵抗力。病死动物要做无害化处理，消灭传染源。

七、沙门氏菌病

沙门氏菌病又称副伤寒，是各种动物由沙门氏菌属细菌引起的疾病总称。临床上多表现为败血症和肠炎，也可使怀孕母畜发生流产。多呈地方流行性，以发热、腹泻、消瘦、结膜炎、黄疸、肝、脾肿大为特征。

1. 病原 沙门氏菌是革兰氏阴性杆菌。本属细菌对干燥、腐败、日光等具有一定的抵抗力，在外界条件下可生存数周或数月。对于化学消毒剂的抵抗力不强，一般常用消毒剂和消毒方法均能达到消毒目的。

沙门氏菌属中的许多细菌对人、畜和家禽均有致病性。各种年龄均可感染，但幼年畜禽较成年者易感。病兽和带菌者是本病的主要传染源，它们通过粪便、尿、乳汁以及流产的胎儿、胎衣和羊水排出病菌，感染健康兽，或通过交配引起感染。用未煮沸或未经熟制的鸡架、鸭肝、毛蛋、鸡肠及其他动物内脏喂毛皮动物最易引起感染。

2. 症状 本病自然感染的潜伏期为 3～20 d，平均为 14 d；人工感染的潜伏期为 2～5 d。根据机体抵抗力及病原毒力，本病在临床上表现是多种多样的，可分为胃肠炎型、菌血症和内毒素型以及妊娠期流产。

（1）胃肠炎型 病兽表现拒食，先兴奋后沉郁，体温升高至 41～42 ℃，病貉躺卧，弓腰，两眼流泪，行动缓慢。发生腹泻、呕吐，腹泻呈水样和黏液样，重症可出现血便。发病后快速消瘦，腹泻明显，黏膜苍白，虚弱，脱水，在昏迷状态下死亡。有的表现后肢瘫痪，失明，抽搐。病程短者 10 h 内死亡，长者 3 d 内死亡。

（2）菌血症和内毒素型 沙门氏菌胃肠炎过程中常发生暂时的菌血症和内毒素血症。常见于幼貉，无论是否有肠炎症状，都可出现体温降低，全身虚弱及休克死亡。在配种期和妊娠时期发生本病时，母兽可大批空怀和流产，出生仔兽在 10 d 内大批死亡，死前仔兽呻吟或抽搐，发病 2～3 d 死亡。

3. 诊断　根据流行病学、临床症状和病理变化，只能作出初步诊断，确诊需进行细菌分离和鉴定。

（1）镜检　取病料涂片，可见革兰氏阳性的中等大杆菌。

（2）分离培养　常用 SS 琼脂培养基进行选择培养，形成与背景颜色一致的菌落。

（3）血清学诊断　诊断本病的血清学方法主要为凝集反应，有试管凝集反应和玻片凝集反应两种，一般前者用于感染本病后血清中和抗体效价的测定，据抗体效价判定动物是否感染过本病，后者多用于细菌鉴定和分型。

4. 防治　采用敏感抗生素进行治疗，一旦发现感染该病，立即停止饲喂被沙门氏菌污染的肉、蛋、乳等。病兽要进行隔离和治疗，病死兽尸体要进行无害化处理，以防感染人。

八、产气荚膜梭菌病

产气荚膜梭菌病又称肠毒血症，是由梭状芽孢杆菌属产气荚膜梭菌引起的家畜和毛皮动物急性中毒性传染病。水貂、狐、海狸鼠、毛丝鼠等动物均易感染，幼貂最敏感。

1. 病原　该病原体的最大特点是能在机体内形成荚膜，多为直或稍弯的梭菌，两端钝圆，均能形成芽孢。广泛存在于自然界，在土壤、污水、人和动物肠道及其粪便中。仔貂对本病最易感，毛皮动物吞食被本菌污染的肉类饲料或饮水而被感染，用细菌学检查这些饲料可以得到证实。

2. 症状　潜伏期 12～24 h，流行初期一般无任何临床症状而突然死亡。病兽食欲减退，很少活动，久卧于小室内，步履蹒跚，呕吐。粪便为液状，呈绿色，混有血液。常发生肢体半麻痹或麻痹。头震颤，呈昏迷状态，死亡率约 90%。剖检可见脏器出血，尤其是胃肠出血、胀气，同时脾脏、肾脏均出血。

3. 诊断　由于本病发病急，病程短，根据流行病学、临床症状等不容易作出诊断。细菌学检查和毒素测定可提供可靠的诊断依据，病料主要采取一段回肠或盲肠，两端结扎，保留肠内容物，同时采集实质脏器、肠系膜淋巴结或肠内容物作涂片和分离培养。

4. 防治　为预防本病的发生，主要是严格控制饲料的污染和变质，质量不好的饲料不能喂动物。当发生本病时，应将病兽和可疑病兽及时隔离饲养，病兽污染的笼舍，用1‰～2‰苛性钠溶液或火焰消毒，粪便和污物堆放于指定地点进行发酵。地面用10％～20％新配的漂白粉溶液喷洒后，挖去表土，换上新土。发病不食的重症病兽基本无法治愈，对轻症的可筛选敏感药物对症治疗。

九、布鲁氏菌病

布鲁氏菌病是一种人兽共患慢性传染病。临床上以流产、子宫内膜炎、睾丸炎、腱鞘炎、关节炎等为主要特征。本病广泛分布于世界各地，给经济动物养殖业带来了很大的经济损失。

1. 病原　布鲁氏菌分为羊型（马耳他热）布鲁氏菌、牛型（流产）布鲁氏菌和猪型布鲁氏菌三种。

本菌对外界环境有较强的抵抗力，在体外对干燥和寒冷能保持很长时间的传染性。在干燥的土壤中可存活37 d，在水中可存活6～150 d，在湿润土壤中存活72～100 d，在污染的皮张中可存活3～4个月，在粪便中存活45 d，在尿中存活46 d，在污染的衣服中能存活15～30 d，在咸肉内存活4个月，在冻肉中存活5个月以上，在乳品中存活16 d。

本菌对湿热特别敏感，55 ℃ 2 h、65 ℃ 15 min或70 ℃ 5 min被杀死。煮沸可立即死亡。本菌对一般消毒药敏感，1％～3％石炭酸、2％来苏儿、5％石灰乳数分钟可杀死本菌。对青霉素不敏感。链霉素、庆大霉素、卡那霉素对本菌均有抑制作用。

2. 症状　潜伏期短者两周，长者可达半年，多数病例为隐性感染。发病时，多呈慢性经过，早期除体温升高、结膜炎等外，无明显可见症状。母貉表现流产、产后不孕、死胎或产弱仔，食欲下降，个别的出现化脓性结膜炎，空怀率高，公貉配种能力下降等。

3. 诊断　由于发生流产的病因很多，而本病的流行特点、临床症状和病理变化都不足以作为区别诊断的可靠依据，必须将病料送往实验室进行确诊。

4. 防治　加强饲养、疫情监测和卫生管理，预防由于引进带菌动物或运入被污染的畜产品和饲料而传入本病。引种时应进行检疫，确认健康的才能入群。发现疾病应及时扑灭，抓好无害化处理措施。

第三节 常见寄生虫病及其防治

一、旋毛虫病

旋毛虫病是世界性人兽共患寄生虫病之一，本病是由旋毛虫的成虫寄生于肠管和其幼虫寄生于横纹肌所引起的肠旋毛虫病和肌旋毛虫病的总称，这两型旋毛虫病在貂内均可发生。1963 年，我国人工驯养的紫貂，曾因生喂含有旋毛虫的兔肉和带有旋毛虫的肉类饲料而发生旋毛虫病，造成多例死亡。

1. 病原 旋毛虫是一种很小的虫体，胎生，雄虫长 1.4～1.6 mm，雌虫长 3～4 mm，肉眼几乎难以辨识。成虫寄生在动物（宿主）的小肠里，称为肠旋毛虫。幼虫寄生在同宿主的肌肉组织中，称为肌旋毛虫，呈盘香状蜷曲于肌肉纤维之间，形成包囊，呈梭形黄白色小结节，长 300～500 μm。旋毛虫对外界的不良因素具有较强的抵抗力，对低温有更强的耐受力。在 0 ℃时，可保存 57 d 不死。但高温可杀死肌旋毛虫，一般 70 ℃时可杀死包囊内的旋毛虫。如果煮沸或者高温的时间不够，煮得不透、肌肉深层的温度达不到致死温度时，其包囊内的虫体仍可保持活力。

2. 症状 病兽无疼痛表现，只见到患兽不愿活动，食欲不振，慢性消瘦。寄生在小肠里的成虫吸取营养，分泌毒素，致使动物消化紊乱、呕吐、腹泻。最后由于毒素的刺激，病兽不愿活动，营养不良，抗病力下降。寄生在肌肉里的幼虫，排出代谢产物和毒素，刺激肌肉疼痛，呼吸短促，当天气变化、气温下降时出现死亡，或由于高度消瘦而失去种用价值。

3. 诊断 生前不易发现，死后剖检，尸体消瘦，皮下脂肪沉着，筋膜下和背部肌肉里有粟粒大的黄白色小结节散在。剪取背最长肌有小结节的肌肉组织或膈肌，剪碎放于载玻片上，压片后置于低倍显微镜下观察，有呈盘香状蜷曲的虫体，即可确诊。

4. 防治 防治本病，关键是要加强肉品卫生检验工作，对犬肉或犬的副产品一定要严格检查，应采样镜检或无害化高温处理后再喂动物。因为犬的感染率比较高，大型肉品屠宰场的胴体检查环节专有旋毛虫检查一关，虽然检出率不高，但必须逐个采样镜检膈肌是否有旋毛虫，有者废弃不能食用。对一些可疑的肉类饲料或来自旋毛虫多发地区的犬肉和其他动物的肉类饲料，也应进行高温处理。为保证高温处理肌肉深层达到 100 ℃，应把要高温处理的肉切割

成小块，以便彻底杀灭虫体。

二、毛虱病

貉毛虱病是由毛虱引起的永久性外寄生虫病。病貉啃咬或用爪搔扒躯体局部，一般多见于颈部、背侧颈后至肩前或胸腹侧及腕掌的背面，出现针绒毛断折缺损。

1. 病原　病原体为毛虱虫，雄虫长约 1.74 mm、雌虫长约 1.92 mm，呈淡黄色，有褐色斑纹，体呈扁平，头大呈四角形，宽于胸部；触角 1 对，分 3 节；口器属于咀嚼式，腹部宽于胸部；雄虱尾部钝圆，雌虱尾端分叉。

毛虱一生均在貉、狐体上度过，雌虱在其被毛上产卵，经 7～10 d 孵化为稚虱，稚虱经 3 次蜕化后变为成虱；成熟的雌虱一般活 30 d 左右。离开貉、狐体内的毛虱，在外界只能生存 2～3 d。毛虱主要靠接触传播。

2. 症状　患貉骚扰不安，常呈犬坐姿势，用后爪蹬挠颈背部或啃咬摩擦胸腹侧乃至腕掌前面，局部针绒毛断折脱落，形成面积不等的秃斑。但皮肤不裸露。发生部位多位于项后肩前、胸腹侧和掌背腕前。轻者无明显的全身症状，食欲和精神状态正常。重者除局部被毛缺损外，出现营养不良，被毛粗乱、秃斑，不愿活动，食欲不振。严重者也有死亡。更重要的是造成毛皮缺损或不能取皮，造成经济损失。

3. 诊断　将患貉抓住，在被毛缺损部位边缘的毛丛中查找毛虱，如果找到黄白似皮屑样小昆虫，经显微镜检查就可确诊。

4. 防治　新引进的种兽一定要隔离观察饲养，确认无毛虱病后方能混入大群饲养；搞好环境卫生，避免笼舍过于拥挤；一旦发现病兽，及时隔离治疗。对笼舍及用具，要及时消毒，污染的垫草最好焚烧。

彻底消除貉体毛虱，最好方法是药浴，可用 12.5% 的溴氰菊酯水药浴。如果在温度低的季节进行药浴，一定要在暖和的屋子里进行，以防动物感冒。药浴时要将貉体浸入药水中，但头部不要浸泡，以防溺水中毒。

三、螨虫病

螨虫病是由于螨虫寄生在貉的体表，造成皮肤和被毛的损伤，是一种慢性寄生虫性消耗病，属于体外寄生虫病，导致兽群抵抗力下降，生产能力低下，繁殖障碍，乃至死亡。

1. 病原　目前在我国貉群中广为传播的螨虫病病原体，主要是疥螨属的疥螨和痒螨，足螨（食皮螨）和蠕形螨偶尔可见。前两种螨病，在毛皮动物的临床表现上不好区分，因为它形体比较小。

2. 症状　痒螨（耳螨）多寄生于耳根、背、臀等密毛部位或耳壳内，虫体发育很快（8～12 d），对外界抵抗力强，很快波及全身。病兽表现不安、摇头、晃尾，头往笼网蹭，或用后腿蹬耳部，有的耳壳内有豆腐渣样的结痂，当螨虫侵袭鼓膜时，病貉站立不正或出现神经症状，抽搐，痉挛。疥螨多寄生于病貉头、眼、嘴、颈、尾、腿等被毛较短的部位，严重时波及全身。病貉表现患部剧痒，掉毛（脱毛）、皮肤潮红、肿胀、有分泌物，局部皮肤上形成较坚硬白色胶皮样痂皮，患貉不时地啃咬患部。

3. 诊断　根据临床症状，可作出初步诊断，必要时可从病兽的耳壳内刮取病料，放在黑色纸上，加热至30～40 ℃，螨虫即爬出，肉眼可见到活动的小白点，也可用显微镜检查，发现螨虫即可确诊。或刮取腿部病健结合处的组织进行显微镜观察，发现虫体即可确诊。

4. 防治　注意通风防潮，感染动物注射伊维菌素针剂，使用外用药涂抹结痂处，如果溃烂需要投服抗生素，用浓碘酊或甘油涂布患处，用药的同时要对笼舍消毒。

四、组织滴虫病

貉子组织滴虫病是由组织滴虫引起的貉盲肠和肝脏寄生性机能紊乱的一种疾病。在毛皮动物（主要是狐、貉）身上以盲肠溃疡为特征。该病在毛皮动物中的发生是由于给毛皮动物（主要是狐、貉）饲喂感染组织滴虫病的鸡的副产品导致的。该病的发生没有明显的季节性，但在温暖、潮湿的夏、秋季节发生较多。

1. 病原　毛皮动物肠道寄生虫腹泻病是由组织滴虫引起的以排脓性血便为特征的寄生虫传染病。组织滴虫病的病原是组织滴虫，它是一种很小的原虫。该原虫有两种形式：

（1）组织型原虫　寄生在细胞里，虫体呈圆形或卵圆形，没有鞭毛，大小为6～20 μm。

（2）肠腔型原虫　寄生在盲肠腔的内容物中，呈阿米巴状，直径为5～30 μm，具有一根鞭毛，在显微镜下可以看到鞭毛的运动。肠和肝脏引起，是

以肝的坏死、盲肠溃疡、严重腹泻、排恶臭脓性黑血便、最后死亡为特征的疾病。

2. 症状　病貉排出黏稠、恶臭的脓性血便，体重迅速减轻，被毛逆立，精神沉郁，眼无神，表情淡漠。感染组织滴虫后，引起白细胞总数增加，主要是异嗜细胞增多，但在恢复期单核细胞和嗜酸性粒细胞显著增加，淋巴细胞、嗜碱性细胞和红细胞总数不变。

剖检可见盲肠黏膜出血、溃疡，大肠内有黏稠的黄色或黑色粪便；直肠黏膜出血、黏膜肿胀增厚；肠系膜充血。组织滴虫病的损害常限于盲肠和肝脏，盲肠的一侧或两侧发炎、坏死，肠壁增厚或形成溃疡，有时盲肠穿孔，引起全身性腹膜炎，盲肠表面覆盖有黄色或黄灰色渗出物，并有特殊恶臭；有时这种黄灰绿色干酪样物充塞盲肠腔，呈多层的栓子样，外观呈明显的肿胀和混杂有红、灰、黄等颜色。肝脏出现颜色各异、不规整的圆形且稍有凹陷的溃疡灶，通常呈黄灰色或浅绿色。溃疡灶的大小不等，一般为 1～2 cm 的环形病灶，也可能相互融合成大片的溃疡区。

3. 诊断　组织滴虫病主要感染育成期貉。夏季炎热季节是该病的多发期，流行病学调查发现，貉组织滴虫病主要发生在饲养密度大、卫生条件极差的地方。通过实验室诊断可确诊。

对盲肠内容物组织滴虫的检测：组织滴虫有一根鞭毛，做钟摆式运动。滋养体（成虫）运动时虫体伸缩类似变形虫，镜下可见大量的无鞭毛的滋养体。取盲肠内容物少许放在载玻片上，加一滴生理盐水混匀，加盖玻片，光学显微镜下检查（150 倍），可见组织滴虫呈活泼的钟摆式运动，运动的虫体可伸缩，表现形态多变，一会儿呈圆形，一会儿又呈倒置的梨形。用复红染色，尚可见到近于圆形的有一根鞭毛的滋养体（成虫）和无鞭毛的滋养体。

与其他肠道病原体鉴别诊断：细小病毒引起的腹泻排黄、绿、粉红色并夹杂肠黏膜的粪便，抗生素治疗无效，使用细小病毒单克隆抗体试剂盒可快速确诊。大肠杆菌引起的腹泻选择敏感的抗生素治疗有效，如果剂量和疗程足则可迅速控制，通过病原分离鉴定可确诊。产气荚膜梭菌引起的腹泻与动物性饲料污染该菌有关，以严重的出血性肠炎为特征，以青霉素和甲硝唑治疗有效，从肠内容物中检测和培养到产气荚膜梭菌对确诊有诊断意义。霉菌性肠炎是饲料中霉菌毒素导致的腹泻，抗生素治疗效果不明显或无效，对病料的霉菌培养可确诊。

4. 防治　选用驱虫药对病兽进行治疗，根据用药说明书使用或遵医嘱，不得擅自加大剂量，驱虫前后 7 d 可打疫苗，因为驱虫药毒性比较大，对动物肝脏有损害，两者间隔时间太短对动物损伤比较大。每年可驱虫 2 次，仔兽分窝后驱 1 次，12 月对种兽驱 1 次。

防控组织滴虫病主要加强注意卫生条件管理。该病可能与鸡的粪便污染水源、苍蝇携带病原污染饲料，以及饲喂的鸡蛋直接相关，因此要注意饮水和饲料的卫生，防止虫卵的污染，鸡粪、苍蝇等病原携带物要及时清理，鸡蛋要熟喂。

若发现疑似病例要立即隔离并对笼具、食盒、地面等进行消毒。

五、蛔虫病

蛔虫病是由犬蛔虫和狮蛔虫寄生于貉的小肠和胃内引起的，主要危害幼貉生长和发育，严重感染时也可导致死亡。1～3 月龄的幼貂最易感染。

1. 病原　犬蛔虫呈淡黄白色，体稍弯于前腹面。雄虫长 50～110 mm，尾端弯曲；雌虫长 90～180 mm，尾端伸直。

犬蛔虫的虫卵随粪便排出体外，在适宜条件下，约经 5 d 发育为感染性虫卵。经口感染后至肠内孵出幼虫，幼虫进入肠壁血管而随血行到肺，沿支气管、气管而到口腔，再次被咽下，到小肠内发育为成虫。有一部分幼虫移行到肺以后，经毛细血管而入体循环，随血流被带到其他脏器和组织内形成包囊，并在其内生长，但不能发育至成熟期。如被其他肉食兽吞食，仍可发育成为成虫。犬蛔虫还可经胎盘感染给胎儿，幼虫存在于胎血内，当仔貉出生 2 d 后，幼虫经肠壁血管钻入肠腔内，并发育成为成虫。

狮蛔虫虫体呈淡黄白色，体稍弯于背面。雄虫长 35～60 mm，雌虫长 30～100 mm。狮蛔虫虫卵在适宜外界环境（30 ℃）经 3 d 即可达到感染期，被宿主吞食后，幼虫钻入肠壁发育后又回到肠腔，经 3～4 周发育为成虫。蛔虫生活史简单，繁殖力强，虫卵对外界因素有很强的抵抗力，所以蛔虫病流行甚广。貉常因采食了被蛔虫卵污染的食物或饮水而得病。

2. 症状　感染的幼貉渐进性消瘦，被毛粗糙无光，黏膜苍白，食欲不振，呕吐、异嗜，先下痢而后便秘，当蛔虫阻塞肠道后可引起排粪困难与腹痛。当蛔虫经十二指肠的胆管总管开口逆行入胆囊后，可引起胆总管阻塞，体温升高，形成胆囊炎和腹痛，如不及时治疗，可引起死亡。偶见有癫痫性痉挛。幼

兽腹部膨大，发育迟缓。

3. 诊断　感染蛔虫严重时，其呕吐物和粪便中常排出蛔虫，即可确定该病。还可以进行粪便虫卵检查，常采用直接涂片法和饱和盐水浮集法，用直接涂片就可发现虫卵。

4. 防治

（1）治疗　对貉蛔虫病可用驱虫药进行药物驱虫。药品在投服前，一般先禁食 8～10 h，投药后不再投服泻剂，必要时可在 2 周后重复用药。在投服驱虫药前应检查动物的肠蠕动，如果肠内蛔虫很多而肠处于麻痹状态，投药后往往发生蛔虫性肠梗阻而导致病貉死亡。

（2）预防　笼下应每天清扫，应定期用火焰（喷灯）或开水浇烫兽笼，以杀死虫卵。幼狐、貉、貂在 25～30 日龄驱虫 1 次，以后每月粪便虫卵检查 1 次，成年动物每 3 个月检查 1 次，发现虫卵就要驱虫。

第四节　营养代谢病及其防治

一、维生素缺乏症

维生素缺乏症是动物体内维生素缺乏或不足而引起的代谢和功能失调的综合性症候群。

（一）维生素 A 缺乏症

维生素 A 缺乏或不足，是以上皮细胞角化、视觉障碍和骨骼形成不良为特征的维生素缺乏病。

1. 病因　饲料中维生素 A 含量不够或补给不足，达不到动物体的需求量；日粮中维生素 A 遭到破坏、分解、氧化、流失和吸收障碍等，如饲料贮存过久或调制不当脂肪酸氧化；动物本身患有慢性消化器官疾病，严重影响营养物质的吸收和利用；混合料中添加了酸败的油脂、油饼、骨肉粉及陈腐的蚕蛹粉等，使用氧化了的饲料，使维生素 A 遭到破坏，导致维生素 A 缺乏。

2. 症状　成年貉和幼貉的症状基本相似。病貉早期症状为神经失调，抽搐和头后仰，病兽失去平衡倒下，应激性增高，微小的声音刺激便会引起病貉的高度兴奋，沿着笼子奔跑或旋转，极度不安，步履蹒跚；个别病例神经性发作，持续时间 5～15 min；仔兽的正常消化功能受到不同程度的破坏，出现腹泻症状，粪便内混有多量黏液和血液；另外，维生素 A 不足时，会造成大批动物出现肺炎症状；生长发育停止，换牙延迟；导致成年貉繁殖障碍，母貉不发情或发情不规律，易流产、死胎，空怀率增高，公貉性欲低下，少精、死精、配种能力不强；个别的发生干眼症。

3. 诊断　测定病貉的血液和死亡动物肝脏内维生素 A 的含量，同时进行日粮的分析。如可疑也可进行治疗性诊断，在饲料中添加鱼肝油，如症状明显好转，则为维生素 A 缺乏症。

4. 防治　必须根据貉不同生长时期的需要量来添加维生素 A，特别是在配种准备期、妊娠期和哺乳期，在饲料中必须添加鱼肝油或维生素 A 浓缩剂。在日粮内补给动物鲜肝及维生素 E 具有良好作用，后者能防止肠内维生素 A 的氧化。鱼肝油必须新鲜，禁用酸败的。

（二）维生素 D 缺乏症

维生素 D 是骨正常钙化所必需，促进肠道钙和磷的吸收，促进骨骼和牙齿的正常生长发育。维生素 D 长期缺乏会影响钙磷代谢，成年貉会发生骨质软化症，使骨钙脱失，骨质脆弱易折，仔貉会发生佝偻病，骨质钙化不全、变形，影响生长发育。虽然貉由于自身的生理特点不利于维生素 D 的吸收，但在常规饲养过程中养殖户多采用鱼作为饲料，一般不易出现维生素 D 的缺乏；而早期断乳的仔貉，若人工喂养时日粮中钙、磷比例失调，缺乏无机盐、维生素及蛋白质，或者仔貉患胃肠炎病，饲养于阴暗而不洁的笼舍中，因缺少紫外线照射时，均易发生本病。

1. 病因　饲料单一、不新鲜，维生素 D 添加量不足；饲料中钙、磷比例失调；饲料霉败；动物体受光不足；动物患有慢性肠胃炎、寄生虫病等都可导致维生素 D 吸收不好或缺乏。

先天性维生素 D 缺乏常由于妊娠母体营养失调或缺乏、阳光照射和运动不足，饲料中缺乏矿物质、维生素 D 和蛋白质所致。

2. 症状　缺乏维生素 D 时，可引起骨质钙化停止。幼貉体质软弱、生长缓慢、异嗜，喜食自己的粪便，出现佝偻病，前肢弯曲，行动困难、疼痛、跛行，甚至不能站立（2～4 月龄时易发生），喜卧，不愿活动；成年貉骨质疏松，变脆、变软，易发生骨折，四肢关节变形等；在妊娠期，胎儿发育不良，产弱仔，成活率低，泌乳期奶量不足，提前停止泌乳，食欲减退，

消瘦。

3. 诊断　根据临床症状，骨骼变形，肋骨与肋软骨之间交界处膨大，呈串珠状，脊柱向上隆起呈弓形弯曲，前肢弯曲，异嗜，跛行等，可以确诊。

4. 防治　对病貉增加维生素 D_3 的补给，同时在饲料中增加一些鲜肝和蛋类。也可以单一地肌内注射维生素 D_3（骨化醇），按药品说明书使用。如果大批发生佝偻病，要调节饲料中的钙、磷比例，不要单一地补钙，用比较好的鲜骨或骨粉，不用煅烧的骨粉，因为这种骨粉已没有磷的成分。养殖场内要适当地调节光照度，便于维生素 D 先体的转化。

（三）维生素 E 缺乏症

维生素 E 是一系列生育酚和生育三烯酚的脂溶性化合物的总称。它的主要功能是作为一种生物抗氧化剂，在生理上具有抗氧化、抗衰老、促生殖的作用。毛皮动物维生素 E 缺乏或不足，会引起母兽不孕症。如果饲料内含有大量不饱和脂肪酸，同样会促使本病的发生。

1. 病因　维生素 E 缺乏症的主要病因，一是饲料中补给不足或缺乏；二是饲料质量不佳引起维生素 E 失去活性或被氧化消耗掉，如动物性（肉类）饲料冷藏不好，贮存时间过长，使肉类脂肪酸氧化酸败，特别是饲喂脂肪含量高的鱼类饲料，更易使饲料中维生素 E 遭到破坏。

2. 症状　病貉主要表现繁殖障碍，脂肪炎；母兽发情期拖延、不孕、空怀率高；仔兽生命力弱，精神萎靡，无吮乳能力，死亡率高；公兽表现性功能下降，无配种能力，精液质量不佳；育成期幼兽易出现急性黄脂肪病、突然死亡。

3. 诊断　根据兽群的繁殖情况可以作出初步诊断，有条件的可将饲料作分析测定，主要的还要检查饲料的组成和质量，如果发现黄脂肪病，肯定是维生素 E 被破坏或不足。

4. 防治　视饲料的质量添加一定量维生素 E，可以防止维生素 E 的缺乏和黄脂肪病的发生。特别是长期饲喂含脂肪量高而且库存时间长的海产品及肉类时，更要注意预防此病的发生。

（四）维生素 K 缺乏症

维生素 K 是几种与凝血有关的脂溶性维生素的总称，其中以天然的维生

素 K_1 和维生素 K_3 以及人工合成的维生素 K_3 和维生素 K_4 较为常见。动物患肝脏、胃肠疾病时，由于缺乏胆汁，使维生素 K 吸收减少，或者由于抗生素的使用，破坏了肠道菌群，使维生素 K 合成受阻，从而引起该病。

1. 病因 维生素 K 的合成与代谢受多方面因素影响。如维生素 K 吸收所需要的胆盐不能进入消化道；日粮中的脂肪水平低，长期服用磺胺类或抗生素等药物，以及杀死了肠道内微生物等，都将影响肠道微生物合成维生素 K。再如肝脏疾病、饲料霉变及各种寄生虫病等，这些因素均可妨碍维生素 K 的利用，导致毛皮动物出现维生素 K 缺乏症。

2. 症状 貉缺乏维生素 K 时，食欲减退，鼻出血，粪尿带血，凝血时间延长，皮下出现紫斑。伤口和溃疡面长期不愈合，血液中血红蛋白和红细胞减少，表现贫血症状。严重缺乏会因轻微外伤流血不止而死亡。

3. 诊断 根据临床症状和日粮组成情况，进行综合分析可以作出诊断。

4. 防治 改善营养，并消除引起维生素 K 缺乏的各种因素。同时给予维生素 K。一般维生素 K_1 效力较强，吸收快，于 $6 \sim 12$ h 即起作用，在体内作用时间长。一般病例可喂给维生素 K_3，并与胆盐同时给予，以助吸收。遇有吸收不良者，可用维生素 K_1 或维生素 K_3 肌内注射。在饲料中添加维生素 K 添加剂，并禁止长期使用抗菌药物，特别是磺胺类药物。

（五）B 族维生素缺乏症

B 族维生素缺乏症是对貉饲养业危害较大的疾病之一。B 族维生素缺乏症在貉育成期的发病率较高，死亡率也非常高，导致幼貉大批死亡。

1. 病因 饲料单一，动物厌食，患胃肠病、寄生虫和衰老等因素，影响B 族维生素的吸收和利用。此外，饲料搭配不合理、不新鲜以及饲料加工调制不合理，破坏了 B 族维生素，如生喂淡水有鳞鱼和生鸡蛋都能破坏 B 族维生素。

2. 症状

（1）前期 患兽体质消瘦，精神萎靡。瞳孔散大，目光迟钝，似白内障。食欲减退或拒食，有的腹胀。下痢，虚脱，体重减轻。粪便颜色从稍白色、米黄色、黄绿色到咖啡色，并含有黏液状物，严重时为煤焦油状或有血块的浓液粪便，含有未消化的饲料残块。肛门及尾根被毛被粪便沾污。舌上一般有浅灰色或淡红色点状舌苔。爪垫及唇缘为淡红色或白色，呈贫血状。鼻镜干燥。被毛蓬松，失去光泽。常躲藏在垫草底部，活动力极弱。呼吸减弱，心跳减慢，常突然死亡。

（2）后期　患貉食欲减退，体质下降，出现神经症状，全身松软，眼球外凸，斜视。爪垫及唇缘呈白色或蓝白色，贫血，全身抽搐，并出现强烈痉挛。四肢僵直，尾上翘、颤动，头及颈部向左侧频频偏转，并有拍羽性颤动。呼吸减弱，心跳减慢，呕吐，尖叫，全身卷曲，后躯麻痹，后肢后拖，爪垫外翻。呼吸极微，心跳迅速减慢，眼球下陷，失去视力，嘶叫或呻吟而死亡。病程2～28 h。患貉对其他疾病的抵抗力极弱，在患病貉群中，常发生肺炎、感冒等疾病。

3. 诊断　根据缺乏 B 族维生素的症状，并对日粮进行分析可作出诊断。

4. 防治　根据不同生物学周期补加 B 族维生素制剂。

（六）叶酸缺乏症

叶酸参与丝氨酸和甘氨酸相互转化及核酸合成，也与血液生成有关。叶酸缺乏，引起毛皮动物贫血，消化功能紊乱和毛绒生长障碍。

1. 病因　长期饲喂鱼粉，或溶剂法提取的豆饼（饼类）及颗粒料时，易引起叶酸缺乏。长期应用抗生素，可杀死胃肠道内正常微生物群，同样可以引起叶酸不足。

2. 症状　貉主要表现可视黏膜苍白，衰竭，腹泻，换毛不全，被毛褪色，患皮炎，毛绒质量低劣；多数仔、幼貉因贫血而死，血液稀薄，血红蛋白降低。

3. 诊断　根据叶酸缺乏的症状，并对日粮进行分析可作出诊断。病貉尸体消瘦，口、鼻、眼结膜苍白，肝脏、脾脏、肾脏色淡，胃黏膜有出血点，肠黏膜有出血性炎症。

4. 防治　在日粮中补加鲜肝和青绿饲料。喂颗粒饲料时补给叶酸添加剂，都能有效地预防本病。病貉可每日注射 0.2 mg 的叶酸，直到康复；同时注射维生素 B_{12} 和维生素 C，效果更好。

（七）维生素 C 缺乏症

维生素 C 缺乏症是肉食毛皮动物仔兽多发病。维生素 C 也称抗坏血酸。维生素 C 缺乏，引起骨生成带破坏，毛细血管通透性增强和血细胞生成障碍，貉新生仔兽表现为"红爪病"。

1. 病因　长期不喂青绿的蔬菜类或补加含维生素 C 多的饲料，特别是在母兽妊娠中后期，饲料不新鲜，又没有喂给一定量的蔬菜，很容易引起维生素 C 缺乏，导致新生仔兽红爪病的发生。

2. 症状　四肢水肿是新生仔兽红爪病的主要特征。关节变粗，指（趾）垫肿胀，患部皮肤高度充血、瘀血、潮红。进一步发展成趾间破溃和皲裂，偶见尾巴水肿，变粗，皮肤高度潮红。患病仔兽尖叫嘶哑无力，声音拉长，不间断地往前爬（乱爬），头向后仰，仿佛打哈欠，吸吮能力差乃至不能吸吮母兽乳头，导致母兽乳房硬结发炎、疼痛不安，叼着病仔兽在笼内乱跑，乃至将仔兽吃掉。

3. 诊断　根据临床症状，妊娠期饲料组成和产后第一天母兽乳汁分析，可以确诊。正常成年母兽乳汁内含维生素 C 0.7～0.87 mg，而病仔兽的母乳仅含 0.1～0.48 mg。

4. 防治　保证饲料新鲜，不喂长期贮藏质量不佳的饲料，日粮中要有一定量的蔬菜，如果没有新鲜的青绿蔬菜，可以添加价格比较便宜的水果，或维生素 C 添加剂。

貉在产后 5 d 内发出异常叫声，要立即检查，对病仔兽可肌内注射维生素 C 溶液，也可用滴管或毛细玻璃管向口内滴入抗坏血酸注射液，每天一次，直至水肿消失为止。

（八）维生素 H 缺乏症

维生素 H 缺乏症是由于毛皮动物维生素 H（又称生物素）缺乏，引起表皮角化、被毛卷起为主要特征的维生素缺乏症。

1. 病因

（1）饲料发生酸败　生物素广泛分布于大豆、豌豆、奶汁和蛋黄中，动物肠道内细菌也可合成，一般情况下不会或很少发生缺乏。但由于饲料发生酸败，其中的生物素被破坏，特别是饲料被链球菌污染时往往易发生缺乏。因为链球菌中存在着抗生物素蛋白，可抑制生物素的利用。

（2）日粮中长期添加药物　当日粮中长期添加药物或长期服用磺胺类药物及其他抗生素时，可引起生物素缺乏，这是因为肠道内菌群被破坏而失去了自身合成的能力。

（3）饲料中存在颉颃物　因长期给貉饲喂生鸡蛋或淡水鱼，经常引起本病的发生，这是因为其中存在着与生物素颉颃的物质，它能与生物素结合而抑制其活性。

2. 症状　貉维生素 H 缺乏引起换毛障碍，背部被毛脱落，残存的稀被毛褪色，常咬断被毛的毛尖和尾尖，母兽失去母性，空怀率高。

3. 诊断　貉生物素缺乏时，主要表现表皮角质化、被毛卷曲褪色和剪毛样外观，开始见于尾、臀部，逐渐向前方及左右两侧扩展，向前直达第 5 胸椎，剪毛面积占体表总面积的 2/5 以上。换毛季节表现换毛不全和拖延，再生新毛困难，被毛褪色，有的常咬毛尖和尾尖。患貉空怀率增高，所产仔貉脚掌水肿，被毛变色。

4. 防治　对病貉治疗可注射生物素，每次 0.5 mg，每隔 1 d 注射 1 次，直至症状消失为止。配种期、妊娠期及仔貉育成期，不要喂给生鸡蛋、生淡水鱼和带有氧化脂肪的饲料，不要经常投喂抗菌药物，日粮中增加肝和酵母的含量，并要适当补充生物素制剂。

二、钙、磷缺乏症

钙、磷缺乏症，在临床上又称佝偻病和纤维素性骨营养不良；前者发生于幼貉，后者发生于成年貉。佝偻病是幼貉多发的钙、磷代谢障碍性营养代谢病。

1. 病因　幼貉育成期饲料中钙、磷比例失调，或给量不足，以及维生素 D_3 缺乏，光照不充足；貉体本身有肝脏、肾脏、甲状旁腺功能不全，胃肠消化紊乱等能导致幼貉发生佝偻病。

2. 症状　貉佝偻病多发生于 1.5～4 月龄。最明显的症状是肢体变形，两前肢肘部向外呈 O 形，有的病兽肘关节着地；最先发生于前肢，随后后肢和躯干骨开始变形；有的小腿骨、肩胛骨及股骨弯曲；在肋骨与肋软骨结合处变形肿大呈念珠状；仔兽佝偻病形态特征表现为头大、腿短弯曲、腹部下垂；有的病仔兽不能用脚掌走路和站立，而用肘关节移行，由于肌肉松弛，关节疼痛，步态拘谨，多用后肢负重、跛行；定期发生腹泻；病兽抵抗力下降，易感冒或继发其他传染病。患佝偻病的幼貉，发育滞后，体型矮小。

3. 诊断　根据临床症状和剖检变化，可以作出诊断。辅助诊断可用 X 线观察骨密度。

4. 防治　预防佝偻病比治疗更重要。日粮中要注意钙、磷的补给，投入的骨粉一定要好；以干粉饲料为主的兽群一定要喂鱼肝油；棚舍要有一定的光照，便于维生素 D 的转化。日粮中的钙磷比应该是 2∶1。

三、黄脂肪病

黄脂肪病又称脂肪组织炎，或肝、肾脂肪变性（脂肪营养不良），是以全身脂肪组织发炎、渗出、黄染、肝小叶出血性坏死、肾脂肪变性为特征的脂肪代谢障碍病，也可以说是脂肪酸败慢性中毒病。

本病是貉饲养业中危害较大的常发病，不仅直接引起貉大批死亡，而且在繁殖季节导致母兽发情不正常、不孕、胎儿吸收、死胎、流产、产后无奶，公兽利用率低，配种能力差等。在仔兽断奶分窝后的 8—10 月份多发，急性经过，发现不及时会造成大批死亡；老兽常年发生，慢性经过，多散发，治疗不及时常常死亡。

1. 病因　主要原因是动物性饲料（肉、鱼、屠宰场下脚料）中脂肪氧化、酸败所引起。动物性脂肪，特别是鱼类脂肪含不饱和脂肪比较多，极易氧化、酸败、变黄、释放出霉败酸辣味，分解产生鱼油毒、神经毒和麻痹毒等有害物质。这些脂肪在低温条件下也在不断氧化酸败，所以冻贮时间比较长的带鱼、刀鲚等含脂肪比较高的鱼类饲料更易引起貉的急、慢性黄脂肪病。此外，由于饲料不新鲜，抗氧化剂、维生素添加不足，也是发生本病的原因之一。

2. 症状　经常喂以冻贮鱼、肉类饲料为主的养殖场易出现本病，一般多以食欲旺盛、发育良好的仔貉发病严重，急性病例突然死亡，大量貉食欲下降、精神沉郁、不愿活动，出现腹泻，重者后期排煤焦油样黑色稀便，进而后躯麻痹，腹部会阴尿湿，常在昏迷中死亡。触诊病兽腹股沟部两侧脂肪，手感呈硬猪板油状或绳索状。慢性病貉经常出现剩食、消瘦，不愿活动、尿湿等症状，多发生于成年貉。

3. 诊断　根据临床症状和病理变化可以确诊。

4. 防治　本病无特殊治疗方法，为预防继发感染，可肌内注射抗生素。在饲料中补充维生素 E 等能预防该病的发生。特别是长期饲喂贮存过久或已氧化变质的鱼类，更应大剂量补充维生素 E，如已确诊貉发生黄脂肪病，应立即停喂变质的鱼、肉类，更换新鲜的动物性饲料，同时对病貉注射维生素 E 每千克体重 10 mg，维生素 B_1 每次 25～50 mg。对消化系统有炎症的，可选用

抗生素控制肠炎。

第五节　常见普通病及其防治

一、感冒

感冒是机体不均等受寒引起的生理防御适应性反应，是全身反应的局部表现，是引起多种疾病的基础。

1. 病因　一般情况下，气温骤变，使动物体发生一系列生理变化，是感冒的根本原因。

2. 症状　本病多发生于雨后、早春、晚秋等季节交替或气温突变的时候。病貂精神不振，食欲减退，两眼湿润有泪，睁得不圆，鼻孔内有少量水样的鼻液，皮温升高，足掌发热，鼻镜干燥，剩食，不愿活动，多卧于小室内。

3. 诊断　根据临床症状可以诊断。

4. 防治　注意天气变化，做好防寒保暖工作，平时加强饲养，提高动物的抗病能力。可用黄芪多糖、电解多维等提高其免疫力。

二、仔兽消化不良

哺乳仔兽消化不良，多发生于刚睁眼仔兽；初采食以后，多因采食母兽叼入的不洁饲料而引起消化不良。

1. 病因　主要是母貂肠道疾患，或乳腺疾病引起乳质不佳或不足而导致周龄内仔兽发生腹泻。

初采食的仔兽消化功能尚不健全，在有害变质的乳汁和不良因素影响下，很容易发生消化功能障碍，如用劣质饲料饲喂泌乳母兽，笼舍内垫草不足、潮湿不卫生、污染母兽的乳头等，易引发本病。

2. 症状　一般消化不良，主要发生于出生后 1 周龄以内的仔兽。发育滞后，腹部不饱满，叫声异常，水样便，呈灰黄色，含有气泡，肛门污染稀便。应随时注意观察仔兽粪便情况，否则多数被母兽吃掉观察不到。本病具有局部发生的特点，即在个别窝发生，多为暂时性的，持续 4～7 d，多数转归痊愈。

3. 诊断　根据腹泻症状和发病日龄，即可作出诊断。

4. 防治　加强母貂泌乳期饲养，保证给予优质、全价、易消化的饲料。

注意产箱（小室）内卫生，特别是仔兽开始采食以后，要注意产箱内卫生和垫草更换，及时清除掉箱内的剩食和粪便。

三、急性鼻卡他

急性卡他性鼻炎是貉鼻黏膜的急性表层炎症，可分为原发性和继发性两种。

1. 病因

（1）原发性鼻卡他 是单纯由于感冒所引起而发病。多发生在秋末、冬季和春初，尤其幼弱的动物易患。其他原因，例如粉尘、烟雾、花粉、真菌、农药、氨气、生石灰等刺激，或机械损伤也可引起发病。

（2）继发性鼻卡他 伴随其他疾病而发生，例如犬瘟热、鼻疽、兔巴氏杆菌鼻炎等。

2. 症状 发病初期鼻黏膜充血、水肿，流出浆液、黏液性或脓性鼻液。动物表现出频发喷嚏、摆头，并以前肢摩擦鼻子，一般经 1~7 d 症状逐渐消失，减轻，最后完全自愈。

3. 诊断 根据临床症状，容易确诊。

4. 防治 加强养殖场的卫生管理，及时清除粪尿，笼舍下地面避免尿液蓄积，以免产生大量的氨气等有害气体。此外，地面用生石灰粉消毒时，要低撒于地面上，不要扬撒，以免扬起石灰粉尘引发疾病。

四、支气管炎

1. 病因 幼龄动物体质不良、营养状况不好或饲养管理不当时，由于寒冷潮湿、气温突变、浓雾天气的影响，或有害气体的刺激、肺部疾患的波及等，易引发此病。

2. 症状 呼吸困难，气喘，体温升高，精神沉郁，战栗，脉搏加快，食欲减退，开始干咳，随着病程的发展变为湿性咳嗽。当细支气管受侵时，其咳嗽从开始就呈干性弱咳。鼻孔流出水样液体、黏液或脓性鼻液。听诊时可听到尖锐的肺泡音、干啰音。轻症 2~3 周可以治愈。严重病例则可致死或转为慢性。

3. 诊断 根据临床症状呼吸困难、频频咳嗽、高热不难确诊，但要与某些传染病区别开来。

4. 防治　改善饲养管理，喂给新鲜全价易消化的饲料，注意通风，保持安静。治疗可选用敏感抗生素药物和双黄连等中药。

五、胃肠炎

胃肠炎为胃黏膜的急性卡他炎症，是以蠕动和分泌障碍为主要特征的常见多发病。主要是由于胃肠黏膜受到长期的异常刺激（主要由饲料配比不适宜、食物变化频繁、天气频繁变化、胃肠中有害微生物的破坏作用、长时间的轻微腹泻等因素）而导致胃肠黏膜层异常、炎症为主要特征的疾病。

1. 病因　原发性胃肠炎主要是饲养管理不良所致。如饲料质量差、饲料中含有异物、含有毒物质或被细菌、霉菌污染，以及家畜过度劳役、寒夜露宿、中暑或感冒等。继发性胃肠炎多见于某些急性传染病和寄生虫病的过程中。

2. 症状　胃肠炎的部分症状和急性胃肠卡他的症状，只在程度上有差别。由于致病原因和家畜机体情况不同，胃肠炎的临床表现也不一样。一般可见精神沉郁，食欲废绝，眼窝下陷，体温升高。脉搏快而弱；口干口臭，腹痛腹泻，粪便恶臭，上腭黄白色或青白色。

3. 诊断　根据全身症状、食欲、舌苔变化，观察粪便中含有病理性产物等可作出诊断。通过流行病学调查，血、粪、尿的化验，可对单纯性胃肠炎、传染病和寄生虫病的继发性胃肠炎作出鉴别诊断。若口臭显著，食欲废绝，主要病变可能在胃；若黄疸腹痛明显，腹泻出现较晚，主要病变可能在小肠；若脱水迅速，腹泻出现早并有里急后重症状，则主要病变在大肠。

4. 防治　应尽快查明病因，及早治疗。其治疗原则，一是抗炎，消除胃肠道炎症；二是根据胃肠道腐败物质的多少采取缓泻或止泻措施；三是根据病情采取强心、补液和解毒等对症治疗，并加强饲养管理。

六、流产

流产是貉妊娠中、后期妊娠中断的一种表现形式，是貉繁殖期的常见病，常给生产带来经济损失。

1. 病因　引起貉流产的原因很多，主要原因是饲养管理不当，如饲料不全价、不新鲜、发霉变质，饲料突变，大群拒食，外界环境不安静等诸多因素都可引起流产。特别是妊娠中、后期由于胎儿比较大，胎儿死亡后不能被母体吸收，引发流产。

2. 症状　貂多发生隐性流产，看不到流产胎儿，但有时在笼网的地面上能看见残缺的胎儿和恶露。母貂剩食，食欲下降，发生流产时，触诊腹部可摸到胎儿。

3. 诊断　根据妊娠兽的腹围变化，外阴部附有污秽不洁的恶露和流出不完整的胎儿可确诊。

4. 防治　在整个妊娠期饲料要保持不变，新鲜全价。养殖场内要安静，清洁卫生，禁止其他动物进入养殖场。防治意外爆炸惊扰及鞭炮声。对已发生流产的母兽，要防止发生子宫内膜炎和中毒。

七、难产

难产是指在无辅助分娩的情况下，分娩过程中发生困难，不能将胎儿顺利娩出体外，是貂产仔期的疾病。

1. 病因　雌激素、垂体后叶素及前列腺素分泌失调；妊娠母兽过度肥胖或营养不良；产道狭窄、胎儿过大、胎位和胎势异常等都可导致难产。

2. 症状　母兽已到预产期并已出现了临产征兆，时间已超过 24 h 仍不见产程进展；母兽表现不安，来回走动，呼吸急促，不停地进出产箱，回视腹部，努责，排便，有时发出痛苦的呻吟，后躯活动不灵活，两后肢拖地前进，从阴部流出分泌物；母兽不时地舔舐外阴部，有时钻进产箱内，蜷曲在垫草上不动，甚至昏迷，不见胎儿产出。

3. 诊断　根据母貂产期已到，并具备临产表现，又不见有胎儿产出，阴道有血污或湿润等，可以确诊。一般产程超过 6 h，就视为难产。

4. 治疗　当母兽发生难产时，可先用药物催产，肌内注射垂体后叶素（催产素），间隔 20～30 min 再肌内注射一次。在使用催产素 2 h 后，胎儿仍不能娩出，则应人工助产或进行剖宫产。

八、自咬症

自咬症是长尾肉食动物多见的急、慢性经过的疾病，貂较多见。病貂咬自己躯体的某一部位，多数是咬尾巴，造成皮张破损。本病在貂饲养场时有发生。

1. 病因　本病病原目前尚不清楚。有研究表明，自咬症与大脑、小脑、延脑、脊髓等中枢神经系统中神经细胞肿胀、溶解和神经传导纤维损伤有关。它的发作受很多诱因影响，如饲料是否全价、饲料新鲜度、动物性饲料比例、场内环境、小气候干湿度、有无意外噪声、血缘关系等都影响本病的发生率。

2. 症状　发作时患貉自咬尾巴或躯体的某一部位，多数咬自己的尾巴和后躯。拂晓和喂食前后患貉在笼内或小室内转圈，撵追自己的尾巴，咬住不放，翻身打滚，鲜血淋漓，吱吱吟叫，持续 3～5 min 或更长时间，兴奋期过去就不咬了，当受意外声音刺激或喂食前再发作自咬，一天内多次发作，反复自咬，尾巴背侧血污沾着一些污物形成结痂而呈黑紫色。自咬的部位因个体差异不完全一致。

3. 诊断　自咬症的诊断从外观，咬破肢体，流血感染，衰竭等发病症状即可确诊。另外，自咬症可结合貉的应激性，观察其对外界刺激的反应，如反应过激或凶猛异常，则很有可能是自咬症的潜在者，也可以说该貉基本被认定为有自咬症，进行早期诊断。

4. 防治　没有特效防疫措施，只能加强种兽的饲养管理，凡是患自咬症的一律淘汰，不能留作种兽。控制自咬症多用外科或提高动物福利的办法。

（1）外科法　可以先将自咬的病兽犬齿断掉，因为动物的犬齿最尖锐，也最长，所以一旦发现自咬，立即把犬齿剪断，以减轻咬伤程度。为进一步控制自咬，可以戴面罩限制自咬貉口裂张开的程度，即让它张不开嘴，咬不着大腿和尾巴；还要经常检查，掉了马上再戴上，一直戴到取皮宰杀。另外，也可以戴颈环，使病貉不能回头咬后躯或尾巴。

（2）提高动物福利法　在病貉的笼内放置木头、瓶子、玩具等可供其玩耍的物体，病貉玩耍玩具可有效减少自咬。条件许可的情况下，全群放置玩具可有效减少自咬等损伤毛皮品质的疾病。

第六节　常见饲料中毒及其防治

一、抗营养因子引起的腹泻

1. 病因　所谓抗营养因子，是指一系列具有干扰营养物质消化吸收的生物因子，存在于所有的植物性食物中。抗营养因子有很多，已知抗营养因子主要有蛋白酶抑制剂、植酸、凝集素、芥酸、棉酚、单宁酸、硫苷等。

一些抗营养因子对动物健康具有特殊的作用，如大豆异黄酮、大豆皂苷等，如食用过多，会对动物体的营养素吸收产生影响，甚至会造成中毒。

2. 症状　主要是腹泻，精神沉郁，喜卧，消化不良。

3. 防治

（1）加热　有干热法的烘烤、微波辐射和红外辐射等，湿热法的蒸煮、热压和挤压等。几种方法可以结合使用，如浸泡蒸煮、加压烘烤、加压蒸汽处理和膨化等，都可以灭活饲料（如大豆和花生饼粕等）中的蛋白质毒素和抗营养因子。处理效果与原料中水分的含量和处理时间相关。水分低，则胰蛋白酶抑制因子的残留量高；一般加热 15 min，胰蛋白酶抑制因子的活性可降低 90%。

（2）机械加工　非淀粉多糖、单宁、木质素和植酸等抗营养因子主要集中于禾谷籽实的表皮层，通过机械加工进行去壳处理，可以大大减少它们的抗营养作用。用此法可除去高粱和蚕豆的种皮而除去大部分单宁。

（3）水浸泡法　利用某些抗营养因子溶于水的性质将其除去。缩合单宁溶于水，将高粱用水浸泡再煮沸可除去 70% 的单宁。麦类中的非淀粉多糖也可以通过水浸泡，以更多地除去抗营养因子，但是此法易引起营养物质如可溶性蛋白质和维生素的损失，因而很少采用。将豆类籽实浸泡在水（或盐水、碱水）中煮一定时间（10～20 min）晾干后，虽然胰蛋白酶抑制因子和植物凝集素全部被灭活，但同时饲料中部分养分也随之丢失。

二、霉菌中毒

淀粉含量很高的食品，是真菌生长和繁殖的良好培养基。由于收获不当或贮存不注意，很易发霉变质，引起毛皮动物急、慢性中毒，轻者消化紊乱、食欲不振、腹泻。重者发生急性死亡。

1. 病因　主要是日粮发霉引发，貉对霉变饲料很敏感。因为发霉的谷物饲料中主要有三种毒性比较强的镰刀菌，产生的毒素引起动物中毒。

2. 症状　食欲减退、呕吐、腹泻、精神沉郁，出现神经症状，抽搐、震颤、口吐白沫、角弓反张，癫痫性发作，急性病例在临床上看不到明显症状就死亡。

3. 诊断　在同一时间内，多数毛皮动物发病或死亡，慢性病例出现食欲不佳、剩食、腹泻。结合病的发生情况和临床症状、病理变化等特征，进行综合诊断。要检查饲料有无发霉情况，需采样送化验单位进行真菌分离与鉴定及

有毒物质测定、毒理试验，最后作出诊断。

4. 治疗　立即停喂可疑饲料，撤出食盆或食碗。在饲料中加喂蔗糖、葡萄糖或绿豆水，静脉或腹腔注射等渗葡萄糖注射液，同时肌内注射维生素 C、维生素 B_1 和维生素 K_3 注射液各 $1 \sim 2$ mL，防止内出血和促进食欲。

三、食物腐败中毒

1. 病因　饲料中脂肪含量过高、脂肪酸比例不科学（主要是饱和脂肪酸含量过高）以及饲料存放条件不适宜（夏天本身温度比较高，食物暴露在空气中，并受到阳光的照射，因此很容易发生酸败而变质），导致脂肪中的不饱和脂肪酸与空气中的氧气结合，产生有臭味的醛、酮类物质，引起饲料中有酸味、臭味以及脂肪腐败味，或者由于饲料保存不当，与水接触，导致霉变。

2. 症状　貉采食数量逐渐减少，最后拒食。动物体逐渐衰弱，结膜苍白、黄染，粪便干燥或者腹泻，用常规的抗菌药物治疗无效。最后导致肝脏肿大，重症个别个体有间歇性神经症状或者死亡。饲料中有明显的酸败或霉味或臭味。

3. 诊断　根据临床症状和日粮分析作出判断。

4. 防治　饲料应按照要求条件保存。保存在阴凉、通风、避光、避雨、干燥处。治疗：①立即更换现用变质的饲料，停止使用已经发霉、变质的饲料产品。②对于个别病重的毛皮动物，一般采取先通过大剂量补充葡萄糖、维生素 C，起到保肝、抗应激的作用，然后立即使用地塞米松等药物；如能通过静脉注射最好，否则通过口服给药。③再用适量的绿豆加上适量的白糖熬汤，全群给药，起到解毒、调养的作用。

四、激素及毒素中毒

（一）毒素中毒

1. 病因　干粉饲料在保存过程中常常会由于潮湿、高温、保存时间过长等原因造成霉变，特别是含豆类较多的饲料，在雨季潮湿、高温等条件下易生黄曲霉，黄曲霉产生的毒素对毛皮动物具有直接毒害作用。使用鲜料饲喂毛皮动物的养殖场或个人，还需要注意新鲜动物性饲料经细菌或真菌分解而产生的毒素，如组织腐败物（组胺，硝酸盐，有毒的醛、酮、过氧化物等），毛皮动物食后会出现诸如食量减少、腹泻、生长迟缓、减重甚至死亡等现象的发生。

2. 症状　轻则引起腹泻、便血，重则引起死亡，出现难以弥补的损失。

3. 诊断　根据临床症状即可进行诊断。

4. 防治　注意按照饲料贮存方式进行储藏，一旦发现，立即全群给药。

（二）激素中毒

1. 病因　动物性饲料，特别是动物的下杂，如头颈、内脏等直接饲喂或经加工成干粉饲料后饲喂毛皮动物，可能会造成激素中毒。特别是水貂，对毒物、激素等的反应非常敏感，采食低浓度的激素或毒物均会引起一定的生产损失。动物下杂中如有甲状腺、肾上腺、垂体等腺体，它们的激素含量较高（如雌激素等）。

2. 症状　采食后，极低的浓度也会造成流产、死胎。

3. 诊断　根据临床症状即可进行诊断。

4. 防治　注意日粮的配比，不要给予过多的动物下杂。一旦发现病情，立即更换日粮，给药医治。

五、重金属中毒

1. 病因　饲料中混入了铅、汞等重金属元素，易造成累积性重金属元素中毒；过量的硫酸铜、硒均会引起毛皮动物中毒。

2. 症状　重金属元素中毒主要表现为神经症状和消化症状。

铅中毒时，分急性和慢性中毒，主要表现神经症状与消化紊乱。二者并无绝对界限，往往兼而有之。

（1）急性中毒　貉场使用刚刷过铅油的笼具或产箱时，易出现神经症状，次日晨突然死亡。有的看不到症状就死亡。主要症状为步态摇晃，转圈，头颈震颤，口吐白沫，咬牙，感觉过敏，尖叫，惊厥而死。

（2）慢性中毒　精神沉郁，厌食，流涎，腹泻，妊娠中断，流产，死胎，仔兽生命力弱，产仔率下降等。

3. 诊断　针对貉场环境和日粮的分析以及临床症状进行诊断。

4. 防治　要注意规范貉场环境，刚粉刷过的貉场不要立即放入动物，在

添加剂的选择与使用中，一定要注意不能随意使用其他动物的添加剂，否则往往会出现意外中毒。

六、食盐中毒

食盐是动物体内不可缺少的矿物质成分。日粮中有适量食盐，可增进食欲，改善消化，保证机体水盐代谢平衡。但摄入食盐过多，特别是饮水不足时，则发生中毒。

1. 病因　由于计算失误，或者加量不准，配料不认真，加盐不用衡器称量而凭经验估计导致加量失误；有的是饲料中含盐量多但没有计算在内，有的是饲料中含盐量高且脱盐不彻底（有的鱼粉含盐量高）；或群体饮水不足等，都能造成食盐中毒。炎热季节，动物体液减少，对食盐的耐受性降低。

2. 症状　食盐中毒的貉，出现口渴、兴奋不安、呕吐、从口鼻中流出泡沫样黏液，呈急性胃肠炎症状、癫痫性发作，嘶哑尖叫。有的病貉运动失调，或做旋转运动，排尿失禁，尾巴翘起，最后四肢麻痹。

3. 诊断　根据临床症状进行诊断。

4. 防治　为了防止食盐中毒，要严格按标准给貉饲料中加食盐，量要准确；喂海杂鱼和淡水鱼加盐要有区别，往饲料里加盐时最好加盐水（计算好浓度），并在混合料里调制好，搅拌均匀以减少中毒。盐含量高的鱼粉或鱼制品要很好地浸润脱盐。饲料搅拌要均匀，不能马虎从事。

发现中毒后要立即停喂含盐饲料，增加饮水，但要限制性、不间断地少量多次给水。病兽不能主动自主饮时，可用胃管给水或腹腔注射 5% 葡萄糖注射液 10～20 mL；为了维持心脏功能，可注射强心剂，皮下注射 10%～20% 樟脑油。为缓解脑水肿，降低颅内压，可静脉注射 25% 山梨醇溶液或高渗葡萄糖溶液。为了促进毒物的排除，可用双氢克尿噻和液体石蜡。为缓解兴奋性和痉挛发作，可用溴化钾或硫酸镁注射液。

第九章
养殖场建设与环境控制

建设养殖场，选址十分重要，合理的选址有助于生产效益提升和促进产业进一步发展。建场前应根据生产需要和建场后可能出现的一些问题，进行可行性分析，认真调查后，科学规划合理选择建场位置。

养殖场建设包括貉饲养区、饲料加工区、产品加工区及后勤服务区等。完备合理的设施建设，是为貉提供营养丰富的饲料、全面准确的疾病防治、高效的饲养管理的基础，具体内容如下。

第一节　养貉场的选址

影响养貉场选址的因素很多，可分为貉自身生理因素和社会环境因素。貉自身生理因素，即养殖场的各方面条件都要适应貉的生物学特性，使貉在人工饲养管理条件下能正常地生长发育、繁殖和生产毛皮产品；社会环境因素主要是结合当地社会发展水平和周围环境特点，综合考虑貉养殖场初始建设规模和规模扩大后长远的发展规划问题。

一、自然条件

貉为季节性发情、随光周期变化换毛动物，获得经济效益途径就是成功繁殖更多仔兽，并使其健康生长，提供大尺码、毛绒优质的皮张，所以纬度、光照、风向等均是影响养殖的关键条件。具体来说，我国养貉适宜区为东北地区全部、华北地区大部、西北地区大部，而长江流域、华南、西南等大部分地区则不宜养殖。应在高燥、向阳、背风、易于排水的地方选址建场。一般选在坡

地和丘陵地区，以东南坡向为益；而平原或平地则宜选在地势相对较高、利于排水的地方建场；低洼、潮湿、排水不利、云雾弥漫地方及风沙严重侵袭的地区则不宜建场。

配制饲料、饮用、清洁等均要大量用水，有异味或被病原菌、农药污染的污水，以及矿物质含量过高的水均不宜使用，因此保证充足、洁净的水源是建场的关键，水质应符合《无公害食品　畜禽饮用水水质》标准（NY 5027—2008）。一般选择能大量提供的自来水或自备水井为水源，考虑到自来水价格和自备水井的受限条件等问题，养殖场应建在偏远的城乡接合部，最好在人口稀疏的农村。

二、饲料条件

饲料来源是建场的首要制约条件。饲养规模以养 200 只种貂（公母比例为1∶3）为例，假设群成活 5 只，全年饲养量最高约 1 000 只，一年约需动物性饲料 20 t、谷物类饲料 50 t、蔬菜类饲料 30 t。新技术的采用使群平均成活率有很大提高，因而对各种饲料的需求比以上数据多。所以建场地点应是饲料来源广、容易获得且运输方便的地方，如渔业区、畜牧业养殖区、靠近肉鱼类加工厂等。如果规模更大，或不具备靠近动物性饲料来源的条件，应建一个冷库，用以贮存大量动物性饲料。个体小规模养貂者必须就近解决各种饲料，特别是动物性饲料问题。

三、社会环境条件

场址应选在公路、铁路或水路运输方便的地方，同时还要与交通干线有一定距离，以保持安静的环境。另外，为保持安静的环境，养殖场还应远离学校和大工厂。为搞好卫生防疫及避免扰民，养貂场应与畜牧场、养禽场和居民区保持 1 000 m 以上的距离。拟投入大量资金的养殖户还应多规划出一定的预留用地。资金有限的个体养殖者更应充分利用已有条件，如利用房前屋后空地搞庭院养殖，但同样要避免环境的喧闹，距禽畜棚舍要远，场地应保证夏季阴凉、冬季背风防寒，如有邻居则应及时打扫清理污物、粪便，以免不良气味扰及他人。还要根据实际情况考虑养殖废弃物的处理，可以采取就地进行焚烧、发酵积肥等无害化处理；也可以考虑外运，经无害化处理后由土地进行消纳，因此接近农区是很好的优势。

第二节　建场的其他准备工作

养貉场建设中，会受到多种因素影响。考虑到这些因素，并有针对性地进行准备，才能避免建设浪费、运行艰难等问题。针对建场过程中可能遇到的问题，建议做好如下准备。

一、考察场址外部环境

场址的考察除第一节已提到的外，还应考察当地地价，当地政府的服务意识、资金投入等软环境，还有当地劳动力价格等与生产经营有关的问题都需要考察。所有这些都与场址所在地紧密相关，都属场址考察范畴。

二、市场调查

投资貉养殖业之前必须做好充分的市场调查，即市场上貉皮分等、不同的等级价格、貉皮主要消费市场、貉皮消费市场对貉皮的需求趋势、貉的最低耗料量、皮兽养殖成本、按合理售价计算出的回本时间。再对市场调查的误差加以修正，即可判断貉养殖项目的合理性。信息的来源及可信度要凭投资者自身判断，既不能错失良机，也不可贸然跟风。养貉业目前在我国发展很快，特别是东北三省，不仅饲养数量多，规模大，出现集体、个人、城市、农村一起上的趋势，而且在山东、河南、河北等省也陆续出现"养貉热"。"养貉热"出现的原因：近年来我国经济形势好，人们生活水平不断提高，消费能力持续增强，刺激了对毛皮等高档服装的需求；同时科技水平的提高使貉皮加工水平突飞猛进，貉皮已由传统的制"貉壳帽子"的粗皮，变成制裘皮大衣的精品细皮，所以市场需求进一步放大。从国际毛皮市场走势来看，亚洲传统消费国家已走出经济危机的阴影，经济呈不断增长，消费能力得到恢复和进一步提高，貉皮经精加工后割成毛条再制成高档裘皮服装的领、袖，相当美观，所以国际市场需求也非常大。

三、种貉引进前的准备工作

场址考察、市场调查都做好以后，剩下的是种兽的考察与引进。场还没建起来就讨论种兽的考察与引进是不是早了一点？并不早，这也是建场的准备工作的一部分，要知道貂和其他动物一样，品种决定其生产性能，品种好的体型大、皮张长、毛绒质量好、遗传性能稳定，效益高，而不好的品种正好相反。如不先期做好种兽的考察，选准兽群大、质量好、有信誉的场家，待到养殖场已建好再考察种兽时间很紧，如盲目引进种兽则受骗风险较大，如一时找不到合适的场家则建好的养殖场将闲置，损失都很大。另外，种貂也可通过对野貂的捕捉驯养来获得，但涉及野生动物资源保护和捕到的野貂运输过程要求高、易死亡等。同时，野貂谱系不清生产性能不稳定，及家养条件下存活、繁殖困难、一次性捕捉难以满足大规模种源需求，所以并不是目前可靠的种兽来源。

其他的建场准备工作等同一般的养殖场建设，只是防疫规划要提前定好，以免建好后达不到要求而造成不必要的损失。

第三节　养貂场的建筑与设备

一、修建养貂场的基本原则

修建养貂场的目的是给貂创造适宜的生活环境，保障貂的健康和生产的正常运行，花较少的资金、饲料、能源和劳力，使貂场获得更多的产品和较高的经济效益。为此，设计貂舍应掌握以下原则。

1. 为貂创造适宜的环境　一个适宜的环境可以充分发挥动物的生产潜力，提高饲料利用率。一般来说，家畜 20%～30% 的生产性能取决于环境。不适宜的环境温度可以使家畜的生产力下降 10%～30%。此外，即使喂给优质饲料，如果没有适宜的环境，饲料也不能最大限度地转化为畜产品，从而降低了饲料利用率。由此可见，修建畜舍时，必须符合家畜对各种环境条件的要求，包括温度、湿度、通风、光照，空气中的二氧化碳、氨、硫化氢浓度等，为家畜创造适宜的环境。作为驯化历史相对较短的貂，对环境的要求比普通家畜更高。

2. 要符合生产工艺要求，保证生产的顺利进行和畜牧兽医技术措施的实施　貂生产工艺包括貂群的组成和周转方式、运送饲料、饲喂、饮水、清粪等，也包括测量、称重、采精输精、防治、生产护理等技术措施。修建棚舍必须与本场生产工艺相结合，否则必将给生产造成不便，甚至使生产无法进行。

3. 严格卫生防疫，防止疫病传播　流行性疫病对貉场会形成威胁，造成经济损失。通过修建规范貉舍，为貉创造适宜环境，将会防止或减少疫病发生。此外，修建畜舍时还应特别注意卫生要求，以利于兽医防疫制度的执行。要根据防疫要求合理进行场地规划和建筑物布局，确定畜舍的朝向和间距，设置消毒设施，合理安置污物处理设施等。

4. 要做到经济合理，技术可行　在满足以上三项要求的前提下，貉舍修建还应尽量降低工程造价和设备投资，以降低生产成本，加快资金周转。因此，貉舍修建要尽量利用自然界的有利条件（如自然通风、自然光照等），就地取材，遵循当地建筑施工习惯，适当减少附属用房面积。畜舍设计方案必须是通过施工能够实现的，否则方案再好而施工技术上不可行，也只能是空想的设计。

二、貉场建筑

（一）貉棚

棚舍的主要作用是遮挡雨雪和防止夏季烈日暴晒的建筑。棚顶一般呈"人"字形（图9-1），也有一面坡型的（图9-2）。材料为角钢、钢筋、木材、砖石、石棉瓦等。用角钢、钢筋、木材、砖石等做成支架，上面加盖石棉瓦、油毡纸或其他遮蔽物进行覆盖。

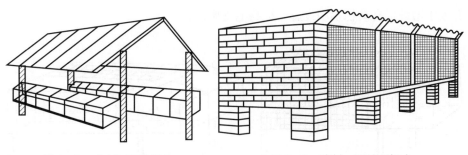

图9-1　"人"字形棚舍　　　　　图9-2　砖制一面坡型棚舍

1. 双排单层笼舍貉棚　标准的"人"字形顶棚，在两侧棚檐各安放一列貉笼，产箱朝向棚内过道，这种棚舍过道高2 m，便于人员行走操作。棚檐高度为1.1～1.2 m，棚间距一般为3 m。既能有效遮挡阳光直射，又能合理采光，防风效果也很好，可保护貉，提高貉皮品质。

2. 简易单层貉棚　应用石棉瓦搭建倾斜角度合理的简易貉棚，棚檐下安放一列貉笼，两列棚间留宽 1.0 m 以上的过道，便于人员行走和自动化打食车等机械设备操作。产箱朝向棚内过道，既能有效遮挡阳光直射，防风效果也很好，可起到保护貉、提高貉皮品质的作用，又可大大降低棚舍建设资金投入（图 9-3）。

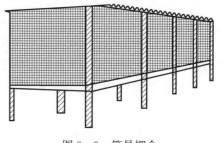

图 9-3　简易棚舍

（二）笼舍

貉的笼舍规格样式较多，原则上以能使貉正常活动，不影响生长发育、繁殖，不使貉逃脱，又节省空间为好。一般用角钢或钢筋做成骨架，然后用铁丝固定铁丝网片而成。笼底一般用 12 号铁线网，网眼为边长 3 cm 的正方形；四周和笼顶可用 14 号铁线网，网眼为边长 2.5 cm 的正方形，除笼底外其他部分就用镀锌电焊网即可，而笼底亦有专门厂家生产。貉笼分种貉、皮貉两种，种貉笼舍（图 9-4）稍大一些，一般为 90 cm×70 cm×70 cm 左右；皮貉笼舍（图 9-5）稍小一些，一般为 70 cm×60 cm×50 cm 左右，笼舍行距为 1~1.5 m，间距在 5~10 cm 为佳。当然如果条件许可的情况下，貉子笼舍越大越有助于增设提高动物福利设施，提高毛皮质量。

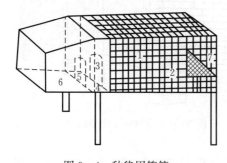

图 9-4　种貉用笼箱

1. 笼子 2. 活动门 3. 笼与走廊出入口 4. 走廊
5. 走廊与产箱出入口 6. 产箱 7. 卧床

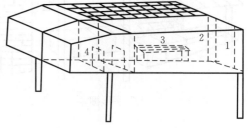

图 9-5　皮用貉双笼舍

1. 门 2. 笼箱
3. 卧床 4. 窝箱

貉的小室可用木材、竹等材料制成。种貉小室一般为 60 cm×50 cm×45 cm左右；皮貉一般不设小室。小室上盖可自由开启，顶盖前高后低，具有一定坡度，可避免饲养在无棚简易笼舍条件下积聚雨水而漏入小室内。种貉小室在出口入口处必须备有插门，以备产仔检查，隔离母貉或捕捉时用，出入口直径为20～23 cm。小室出入口下方要设高出小室底5 cm的挡板，以利小室保温、垫草，防止仔貉爬出。

（三）圈舍

貉除笼养外，也可圈养。圈舍可分为地上式（图9-6）、地下式和半地下式。圈舍的地面用砖或水泥铺成，以防貉挖洞逃跑，四壁用砖石砌成，也可用铁皮制成，高度在1.2 m以上。圈的面积一般为10～15 m²，可养10～15只貉。圈内设运动场和休息地，圈上方应设一全覆盖顶棚。养种貉的圈舍（图9-7）应备有小室，规格与笼养相同，小室可放在圈舍内，也可在圈壁上挖孔后将其放在外边，通过与小孔相连而与圈舍一体，同样该小室应高出地面以利防潮。

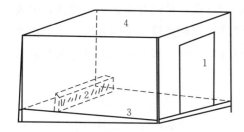

图9-6　皮貉圈舍（顶棚略去）

1. 小门　2. 矮墙

3. 倾斜地面　4. 未封顶盖

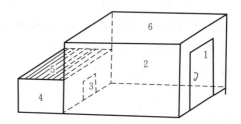

图9-7　种貉圈舍（顶棚略去）

1. 小门　2. 圈舍　3. 活动插门

4. 小室　5. 活动顶盖　6. 未封顶盖

圈舍在繁殖期一舍可养一只母貉，或一对种貉，产仔分窝后再养幼貉。不带小室的圈舍可集群饲养幼貉，其饲养密度以1只/m²为宜。饲养皮貉时，为防止群貉争食而污染毛皮，可用特制的圆孔或方格喂食器（图9-8）进行饲喂。地下式圈舍（图9-9，图9-10）由于观察不便、易污染、疾病传染率高，以及貉容易发生咬伤等原

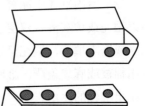

图9-8　貉的喂食器

因，目前已经极少使用。地上式单笼单一或成对饲养方式比较受到养殖者青睐。

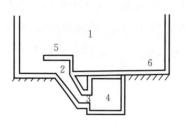

图 9-9　地下式圈舍（一）

1. 大圈　2. 通道　3. 出入口
4. 小室　5. 遮挡盖　6. 地面

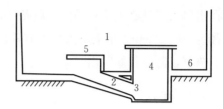

图 9-10　地下式圈舍（二）

1. 大圈　2. 通道　3. 出入口
4. 小室　5. 遮挡盖　6. 地面

（四）辅助建筑和设备

1. 饲料储（冷藏）存设备　以谷物类饲料为主的干饲料，以蔬菜为主的鲜饲料，以鱼、肉类、动物下杂为主的动物性饲料，都应分别在不同库房存储，所以应根据貉场规模予以修建。

冷藏设备主要用于鲜、湿动物性饲料的冷藏，是饲养貉必需的设备，因为动物性饲料来源必须得到很好的保障，建冷库自储是较稳妥的方法。小型饲养场和个体饲养户可使用活动冷库或大容量冰柜，也可利用冰窖或简易冷藏室储存饲料。以下面两种方法为例。

（1）冰冻密封或土冰库　冬季，趁当地气温严寒时，将肉、鱼切成小块，堆放于避风、背阴处，盖一层草帘，逐日在帘上浇水，冻一层洒一层，至冰层达到 1 m 左右，再在冰上盖约 1 m 厚的锯末、稻壳，最上层盖以 30～40 cm 厚的泥。取用饲料时，挖开一角，取料后再立即用草帘或数层旧袋将开口盖严。此法简单易行，初春解冻后 2～3 个月可用此方法保存鲜鱼、肉。

（2）室内缸式土冰窖　盖一夹层墙式库房，房室大小视需要定，夹层墙中填以稻壳或炉灰渣，双层房门。室内放置大号缸数个，缸间距 30～50 cm，用稻壳或锯末填紧，填充至缸口平齐，将鱼、肉饲料和碎冰块混合倒入缸内，缸口用棉被或麻袋盖严。缸底部需开一小孔，接上胶皮管，从地下通向室外，用以排出融化的冰水。

2. 饲料加工室　饲料是每天必食的，饲料的安全性要求必须有一个饲料加工室，保障供应足量和洁净的饲料。饲料加工室应有洗涤设备、熟制设备、粉碎设备、电动机、搅拌机、绞肉机等。还应有很好的上下水和室内水泥抹光，便于清洗。

3. 毛皮加工室　毛皮加工室是剥取貉皮和进行初加工的场所，一般包括剥皮、刮油、洗皮、上楦、干燥、验质、储存等。因为目前皮貉活体称重、按斤销售、统一剥皮加工的销售形式在河北等貉养殖大省十分流行，多数小型貉场已经不设毛皮加工室，但是在东北等地按斤收购并不普遍，所以建议貉场应该预设毛皮加工室（图9-11），以保证无法活体销售时，适时取皮、加工，以免造成损失。

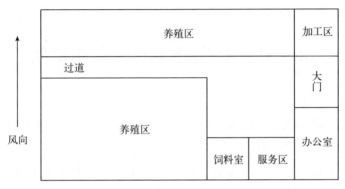

图9-11　貉养殖场平面图

4. 综合技术室　包括兽医防疫室、分析化验室，即生产技术室。兽医防疫室主要负责全场的卫生防疫和疾病的诊断工作。应备有消毒药具和相应的医疗器械及药品。分析化验室主要负责全场的貉饲料营养成分分析、毒性分析，科学合理地制定饲料配方。如貉场规模不大，有一相应人员负责疫病防治即可，如规模足够大则应尽力配齐为好。

5. 其他建筑和用具　其他建筑主要有给、排水设备，供电设备（照明电、动力电齐备），供暖、围墙和值班室等，远离城镇的大型养殖场还要有员工休息室和食堂。准备捕貉笼、捕貉网、喂食车、喂食桶、水盆、食碗（食盒）等。有条件时，应建设单独清洗室，进行喂食、饮水设施的清洗；条件不具备时，也不能在饲料室清洗，以免污染饲料，诱发疾病。在远离养殖场区建设无害堆肥场（发酵池），以便养殖废弃物和垃圾的无害化处理。条件允许的还可以建设配套的沼气设施，变废为宝，为貉场提供能源和动力，沼液和沼渣也可成为绿色肥料，实现绿色、循环、健康养殖。

第十章
开发利用与发展趋势

第一节　貉皮资源开发利用现状

中国皮革产业经过 20 多年的快速发展，已经进入一个重要拐点：国家宏观调控对其影响加大，节能减排压力增加，出口贸易摩擦增多，自 2005 年以来，国家为了控制"两高一资"型产品，促进外贸平衡，陆续出台了一系列限制出口的宏观调控政策，涉及制革业的有十几项。其中增加出口关税、禁止生皮出口、取消皮革类产品出口退税等政策使企业出口成本增加，进而销售渠道不畅。最近几年的貉皮价格走低使貉皮市场暂时无法走出阴霾。随着貉皮从业人员资金不断增加，貉皮市场将无法避免朝利润微薄化的趋势发展。一方面貉皮颜色少于狐、貂，市场可运作性很强。貉皮的起伏的程度远远大于其他皮毛种类。2007 年以来，中国裘皮行业进入调整、规范、优胜劣汰时期，调整后将继续发展，未来若干年中国仍然是世界毛皮主要加工生产基地。

世界优质的毛皮原料主要来自欧美地区，如芬兰、丹麦、挪威、美国、加拿大、俄罗斯等国家。这是因为毛皮动物的皮毛质量受气候环境的影响很大，凉爽、湿度适中的气候环境适于毛皮动物的生长，同时也来自大量的技术投入及不断的品种优化。但从养殖数量来看，近年来中国的养殖业数量有惊人的发展，貉养殖数量已占全世界数量的 50％以上。过去的毛皮原料大部分来自捕获的野生动物，而现在绝大多数的毛皮来自人工饲养的动物。在芬兰、丹麦、加拿大、美国等盛产毛皮的国家，毛皮动物的饲养已有较长的历史。我国目前饲养的毛皮动物的毛皮已占世界高档优质毛皮原料总交易量的 85％以上，通过近几年来的市场洗牌，我国毛皮动物养殖品种和皮张质量已有明显提升，但与欧美养殖行业相比仍存在一定的差距，还需要继续加大优良品种改良和培育，同时树立现代化的养殖理念和建立与新品种相配套的养殖管理体系。

中国是世界优质貉的主要养殖地区，养殖地集中在河北、东北、山东地区。中国的貉皮质量世界领先，土耳其、意大利、俄罗斯等大量买家纷纷进入中国就说明了这一点。因此，中国貉皮养殖业将在调整中缓慢发展。中国毛皮的出路，在于精品战略，做到人有我优、人无我有，高规格、高质量、低成本，使毛皮由数量型向质量型到转变，做到又好又快推进式发展，具有较强国际竞争力，引领毛皮消费、生产、养殖的国际潮流。

第二节　主要产品及加工工艺

貉子全身都是宝，经济价值很高，具有广阔的开发利用价值。

一、貉的经济价值

1. 皮　貉皮属于大毛细皮，具有针毛长、底绒丰厚、坚韧耐磨、轻便柔软、美观保暖等优点，是较名贵的制裘原料皮。貉皮制裘后轻暖耐用，御寒性能较强，可制作毛朝外大衣、皮筒子、皮帽、皮领等。用貉皮革条缝制的大衣轻便灵活、线条优美，很受消费者欢迎。貉子皮有两种使用方法：一种是针绒兼用制裘，称为貉皮；另一种是拔去针毛，利用绒毛制裘，称为貉绒。

2. 油（脂肪）　结合冬季取皮收集貉尸体上的脂肪，每只有 1～2 kg，貉脂肪中不饱和脂肪酸含量较高、占 67.7%，亚油酸占 15.88%，亚麻酸占1.50%，花生四烯酸占 0.32%。除工业上用于制作高级化妆品的原料外，貉油还可治疗烫伤。

3. 毛　貉针毛和尾毛是制作高级化妆用具——毛刷、胡刷和毛笔的原料。脱落或剪下来的绒毛纤细、柔软、保暖性和可纺性极好，洗涤、消毒后可代替棉毛做防寒服装，同时还是高级毛织品的原料。貉绒的长度、细度、拉力和保暖性能都好于羊绒，在不影响繁殖的情况下，一年可拉毛或剪毛 100～150 g/只。

4. 其他　貉的胆囊（胆汁）干燥以后可以入药，治疗胃肠病和小儿痛症。貉粪含有较高的蛋白质，其他成分相当于人粪尿，是优质肥料。

二、貉取皮及加工

1. 取皮

（1）取皮时间　貉的取皮时间分为三个阶段。第一阶段是在大群成熟时期，在 11 月中旬至 12 月中旬，一般成年貉早于当年貉。第二阶段是在配种结束后，将淘汰的公貉和母貉取皮。第三阶段是将植入褪黑激素的皮貉取皮。依地理位置、气候条件、饲养水平不同有一定差异，具体取皮时间要根据个体的毛皮成熟程度而定，一定要等成熟后再取，因为取皮过早、过晚都会影响毛皮质量，从而降低利用价值。

（2）毛皮成熟的鉴定　要取质量好的毛皮除准确掌握取皮时间外，还要掌握观察、鉴定毛皮的成熟程序。鉴定毛皮成熟有以下三种观察方法。

① 毛绒　毛皮成熟的标志是全身毛峰长齐（尤其看臀部），底绒丰厚，具有光泽，灵活度好，尾毛蓬松。

② 皮肤　将貉抓住，用嘴吹开毛绒，观察皮肤颜色，毛绒成熟的皮肤呈乳白色。

③ 试验剥皮　试剥的皮板，如整张的板面都呈乳白色，仅爪尖和尾尖略带有青黑色，即可处死取皮。

（3）处死方法　貉的处死方法很多，但都应该本着选择简便、处死迅速、人性化、提高动物福利、不损伤或污染毛皮等为原则确定处死方法。目前常用的方法有以下几种。

① 药物致死法　常用药物为横纹肌松弛药（氯化琥珀胆碱），按照每千克体重 0.75 mg 的剂量，皮下、肌内或者心脏注射，貉在 3～5 min 内即可死亡。优点是貉死亡时无痛苦和挣扎，不损伤和污染毛皮，残存在体内的药物无毒性，不影响尸体的利用。

② 心脏注射空气法　即用 10～20 mL 注射器，将针头刺入心脏（心脏位置在第 2～3 肋间），待看到自然回血时，推入空气 20～30 mL，使貉因心脏功能遭到破坏而死亡。此方法不损坏毛皮，被毛不污染。

③ 普通电击法　将常用的 220 V 电源两极分别插入貉的口与肛门，使貉因遭电击而死亡。这是目前常用处死貉的取皮方法（民间称为"打貉"），值得注意的是要防止人触电。或用连接电线的铁制电极棒，插入动物的肛门，或引逗貉来咬住铁棒，接通 220 V 电压的正极，使貉接触地面，约 1 min 可被电击而死。

（4）剥皮 貉皮剥取的质量，直接关系到毛皮的质量和产品的售价。因此，必须要严格按照操作规程去做，不可妄为。处死后要尽快剥皮，尸体不要长时间放置，以免受焖而掉毛，或因僵尸冷凉剥皮困难。其具体的操作规程如下。

① 挑裆 用剪刀从一后肢脚掌处下刀，沿股内侧长短毛交界处挑至肛门前缘，横过肛门，再挑至另一侧后肢脚掌前缘，最后由肛门后缘中央沿尾腹面中央挑至尾的中部，去掉肛门周围的无毛部位（图 10-1）。

② 剥皮 要求将手指插入皮肉之间，借助手指的力量使皮肉分离。剥皮从后肢开始，剥到脚掌前缘时，用刀或剪刀将足趾剥出，剪掉趾骨。剥至尾部处 1/3 时，用剪柄或筷子夹住尾骨，将尾骨抽出（用力不要过猛，

图 10-1 挑 裆

以防拉断）。然后再沿尾腹面中线将皮挑至尾尖，将两后肢一同挂在固定的钩子上，两手往下（头部方向）翻拉皮板，边剥边拉至前肢，成筒状。剥到尿道口时，可将尿道口靠近皮肤处剪断，边剥边撒锯末或麸皮，直到剥至前肢。前肢剥成筒状，到趾骨端处剪断。于腋下顺前肢内侧分别挑开 3～4 cm，将前足完全由开口处翻出。剥到头部时，要特别小心，一定要使耳、眼、鼻、唇完整无损地保留到皮板上。注意不要把耳、眼孔割大。

2. 毛皮初加工

（1）刮油 鲜皮皮板上附着油脂、血迹和残肉等，这些物质均不利于对原料皮的晾晒、保管，易使皮板假干、油渍和透油，因而影响鞣制和染色，所以必须除掉，称为刮油。为避免因透毛、刮破、刀洞等伤残而降低皮张等级，必须注意以下几点。

① 为了刮油顺利，应在皮板干燥以前进行，干皮需经充分水浸后方可刮油。

② 刮油的工具一般采用竹刀或钝铲，也可用刮油刀或电工刀。

③ 刮油的方向应从尾根和后肢部往头部刮。

④ 刮油时，必须将皮板平铺在木榁上或套在胶皮管上，勿使皮有皱褶。

⑤ 头部和边缘不易刮净，可在刮油之后，用剪刀将肌肉剪除。

⑥ 刮油时持刀一定平稳，用力均匀，不要过猛，边刮边用锯末搓洗皮板和手指，以防油脂污染被毛，大型饲养场可用刮油机刮油。

（2）洗皮　刮油后要用小米粒大小的硬质锯末或粉碎的玉米芯搓洗皮张。先搓洗皮板上的附油，再将皮板翻过来搓洗毛被，以达到使毛绒清洁、柔和、有光泽的目的。严禁用麸皮或有树脂的锯末洗皮，以免影响洗皮质量。另外，洗皮用的锯末一律要过筛，筛去过细的锯末，因为太细的锯末或麸皮易沾在皮板或毛绒里，影响毛皮质量。

需大量洗皮时，可采取转鼓洗皮。将皮板朝外放进装有锯末的转鼓里，转几分钟后将皮取出，翻皮筒，使毛朝外，再次放进转鼓里洗皮。为了抖掉锯末和尘屑，再将洗完后的毛皮放进转笼里转。转鼓和转笼的速度要控制在每分钟 18～20 r，运转 5～10 min 即可洗好。

（3）上楦　洗皮后要及时上楦和干燥。其目的是使原料皮按商品规格要求整形，防止干燥时因收缩和折叠而造成发霉、压折、掉毛和裂痕等损伤毛皮。

上楦前先用纸条缠在楦板上或做成纸筒套在楦板上，然后将洗好的貉皮套在楦板上，先拉两前腿调正，并把两前腿顺着腿筒翻入胸内侧，使露出的腿口与腹部毛平齐，然后翻转楦板，使皮张背面向上，拉两耳，摆正头部，使头部尽量伸展，最后拉臀部，加以固定。用两拇指从尾根部开始依次横拉尾的皮面，折成许多横的皱褶，直至尾尖，使尾变成原来的 2/3 或 1/2，或者再短些，尽量将尾部拉宽。尾及皮张边缘用图钉或铁网固定，见图 10-2。可以一次性毛朝外上楦；也可先毛朝里上楦，干至六七成再翻过来，毛朝外上楦至毛干燥。

（4）干燥　鲜皮含水量很大，易腐烂或闷板，为此必须采取一定方法进行干燥处理。貉皮多采取风干机给风干燥法，将上好楦板的皮张分层放置于风干机的吹风烘干架上，将貉皮嘴套入风气嘴，让空气进入皮筒即可。干燥室的温度为 20～25 ℃，湿度为 55%～65%，每分钟每个气嘴喷出空气 0.29～0.36 m³，24 h 左右即可风干。小型场或专业户可采取提高室温并通风的自然干燥法。

干燥皮张时切忌高温或强烈日光照射，更不能让皮张靠近热源，如火炉等，以免皮板胶化而影响鞣制和利用价值。如果干燥不及时，会出现闷板脱毛现象，使皮张质量严重下降，甚至失去使用价值。防止闷板脱毛的方法是：先

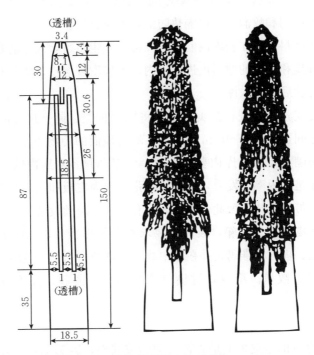

图 10-2　貂皮楦板及上楦（单位：cm）

毛朝里、皮板朝外上楦干燥，待干至五六成时，再将毛面翻出，变成皮板朝里、毛朝外干燥。

　　注意：翻板要适时，过早皮张干燥不良，过晚皮张易碎不易操作，将影响毛皮的美观程度。

　　（5）整理　干燥好的皮张应及时下楦。下楦后的皮张易出皱褶，被毛不平，影响毛皮的美观，因此下楦后需要用锯末再次洗皮，然后用转笼除尘，也可以用小木条抽打除尘。然后梳毛，使毛绒蓬松、灵活、美观，可用密齿小铁梳轻轻将小范围缠结的毛梳开。梳毛时动作一定要柔和而轻，用力会将针毛梳掉，最后用毛刷或干净毛巾擦净。

　　注意：下楦后的毛皮还要在风干室内至少再吊挂 24 h，使其继续干燥。

　　（6）分级检验　参照《生貂子皮检验方法》（GB/T 9703—2009）、《貂子毛皮》（QB/T 4366—2012）和《裘皮貂皮》（GB/T 14788—2018）等对整理好的皮张进行分级检验、包装及标记。

　　（7）贮存　贮存条件为温度 5～10 ℃，相对湿度 65%～70%，贮藏室每

小时通风 2～5 次。然后将彻底干燥好的皮张放入仓库内。仓库要坚固，屋顶不能漏雨，无鼠洞和蚁洞，墙壁隔热防潮，通风良好。

为了防止原料皮张在仓库内贮存时发霉和发生虫害，入库前要进行严格的检查。严禁湿皮和生虫的原料皮进入库内，如果发现湿皮，要及时晾晒，生虫皮须经药物处理后方能入库。

对入库的皮张还要进行分类堆放。将同一种类、同一尺寸的皮张放在一堆。堆与堆之间至少留出 50 cm 的距离，堆与地面的距离为 30 cm，以利于通风、散热、防潮和检查。库内要放防虫、防鼠药物。对库内的皮张要经常检查，检查皮张是否返潮、发霉，发霉的皮张表现为皮板和毛被上产生白色或绿色的霉菌，并带有霉味。因此，库房内应有通风、防潮设备。

干燥好的皮张可以装箱，装箱时要求平展不得折叠，忌摩擦、挤压和撕扯。要毛对毛、板对板堆码，并在箱中放一定量的防腐剂。最后在包装箱上标明品种、等级、数量。箱内要衬垫包装纸和塑料薄膜，按等级、尺码装在箱内。

注意：

① 检查存放的貉皮板上是否带有油脂或残肉，因为油脂会发热升温，容易形成油浸皮板，能把皮板腐蚀成洞，残肉易生虫。所以要细心检查，把皮板上的脂肪、残肉除净，尤其是眼睑部位。

② 用锯末搓洗毛绒，要去掉毛面上的油污。搓洗干净后，把毛绒上的杂质抖净。

③ 用一个木床吊在空中，把整理好的貉皮整齐地存放在上面，撒些樟脑粉防虫蛀，用布包好，防灰尘污染。地上放鼠药，以防鼠害。存放皮张的仓库，要保持通风干燥，雨天时把门窗紧闭，防潮气侵入。

④ 在 7—8 月份高温季节（30 ℃以上），注意降温，屋顶上加盖遮阳层。高湿、高温天气，在阳光充足时，门窗遮阳防晒；在温度低时，通风换气。有条件的地方，夏天最好存放在恒温库中。

⑤ 在存放过程中，经常检查。最好每过一段时间，在通风阴凉处晾晒风干，以免受潮。

（8）运输　原料皮必须经过检疫、消毒后方能运输，以防疫病的传播。原料皮运输时要注意以下几点。

① 雨雪天气不适宜运输。

② 运输车厢须保持干燥、清洁，并能保持一定的温度和湿度。

③ 装卸车时，尽量保持库存时的原形，特别是冻干皮，更不宜重新折叠。

④ 搬运原料皮时，要抓捆皮绳，勿机械折断，也不应抓皮张四角搬运，以免撕破皮张。

⑤ 运输时要避免高温和火种。

三、貉的副产品开发

貉除了皮张珍贵外，取皮后的副产品也有很高的经济价值。

1. 胆囊　干燥后可入药，治疗胃肠病和小儿痫症。

2. 睾丸　可治中风等症。

3. 背部刚毛、尾毛　制高级化妆刷、毛笔。

4. 粪　发酵熟制后可作为优质的有机肥料。

5. 油　提取可制成防冻防裂霜，对皮肤防冻防裂效用好，可用于保护皮肤，适用于野外寒冷作业工作人员使用。貉油还可用于护肤霜、洗发乳、洗面奶等的配制。

第三节　养貉业现状与发展趋势

我国养貉业历经半个多世纪的坎坷、波浪式的发展，现已成为不可或缺的产业，在我国毛皮动物养殖业中占有重要地位，在世界同行业中受到了应有的重视。我国现已成为世界貉皮生产和加工大国。乌苏里貉皮已成为国际裘皮市场上的佼佼者，深受客户和消费者的青睐。

养貉业兴旺发达的主要原因是近年来我国人民生活水平稳步上升，追求高档的物质生活，对貉皮的需求量日益增加。尤其是我国加入世界贸易组织（WTO）后，貉皮走向世界，先后有俄罗斯、日本、韩国、土耳其等国争要我国所产的乌苏里貉皮，售价上浮，数量也在逐年大幅度增加，促进了我国养貉业再度步入高潮。

一切事物都是多变的，不变只是相对的，我国养貉业的兴起、发展也是这样。影响养貉业发展的因子是错综复杂的，是多方面的。国内（外）裘皮市场的信息变化、养殖技术和产品质量的再提高、产品的加工创新和开发利用等，都是不可忽视的重要因子。为了解、把握、驾驭这一产业的多变趋

势，使这一产业能够健康发展，以下就养貉业的养殖现状和发展趋势展开讨论。

一、养殖现状

1. 养殖水平　目前我国养貉场多以庭院经济为特色，属分散的个体经营模式，饲养者集技术员、饲养员、饲料购销员等于一身，这种零碎、分散、小而全的经营方式，导致了缺乏规范和宏观调控、技术含量低、产品质量差、生产效益低、无序发展和不适应市场变化等一系列障碍。我国貉养殖业在整体上缺乏产业化建设，无法形成行业内的优化组合，没能实现宏观调控、技术支持、信息服务和相关行业配套的协同，难以促进专业化生产、企业化管理、社会化服务、区域性规模经营的形成，距离使全行业在市场经济条件下走上降耗增效、产品优化、具有国际竞争力的健康稳定的可持续发展轨道，尚有很大差距。

2. 饲养方式　貉具有耐粗饲、产仔多、投入少、见效快等优点，所以养貉能获得较高经济效益已成共识。群众意识到养貉能致富，便一哄而上，在不懂养殖技术和饲养繁殖技术的情况下盲目上马办场。由于饲养人员素质参差不齐，场内建设五花八门，饲养方法各种各样，生产水平、产品质量和经济效益相对悬殊，而且饲养方式原始落后，基本上是靠手工操作，机械化程度很低，所以生产定额与劳动效率也很低，平均每人饲养量仅为100～200只，许多个体饲养场从选种、育种、疾病防治、饲养喂养、皮张加工到皮张销售等环节，都存在着许多问题，主要体现在产仔率低、死亡率高、毛绒质量差、皮张售价低等方面。我国各养殖场的种兽都是横向自由引入的，个体之间质量差别很大，很多厂家根本不注重选种、选配和良种的优良特性，只追求数量，饲养的营养标准很低，束缚了养貉业自身的发展，同时缺乏抵御市场风险的能力和长足发展的后劲。

3. 饲料营养水平　我国养貉业饲喂的饲料主要有养殖场自配鲜料和企业生产的干料两种。一些养殖场凭经验自配鲜料，饲料品质受饲料原料价格和购买难易程度影响很大，极易造成蛋白质、脂肪配比不平衡，难以满足生长、繁殖及换毛等的正常营养需要，导致貉的免疫力不高，抗病力不强，患病个体多，死亡率高于国外养貉场的个体死亡率。饲料企业对干料的研究不够深入，饲料质量不稳定。

4. **市场秩序** 我国的毛皮动物养殖业，尽管有些省份已经有了自己的行业组织，但就全国而言，还没有一个比较有权威的行业机构来统领全国毛皮动物饲养业的发展，我国貉养殖者直接面对市场，市场氛围对貉养殖业的影响非常大。市场毛皮价格的变化影响着养殖者的生产效益。目前，我国仅有少数几个大的养殖场实现了皮毛的定向销售；绝大多数皮毛收购的随意性很大，往往仅凭皮货贩子的现场验货，没有可以衡量的理性标准，因而常常造成主业和相关产业脱节、不配套等问题。

二、发展趋势

1. **养殖模式创新** 我国的貉养殖场建设非常分散，养殖规模普遍较低，大多养殖者都是各自为战。养貉场产生的大量污水和粪便，对环境、饮用水源和农业生态造成了危害。为使养貉业健康有序发展，在养殖模式上应转变庭院式养殖为统一规划小区式或场区式养殖，这样可以做到养殖密集和集群，打破现行的落后生产模式，向标准化、高效益生产方向发展；而且还便于掌握信息，接受最新养殖技术，提高养殖水平，向提高产品质量和产业效益模式发展，即从现在的只追求增加数量而不注重质量的产量型生产向提高产品质量、提高经济效益的效益型生产方向发展；从分散独立经营向"产、供、销、加"一体化的联合集团型的经营方向发展，便于集中直接销售，创新品牌，提高产值，避免皮货商压扣价格，便于饲料、疫苗、药品等的采购、保管和使用，以确保养貉业健康发展。

2. **加强育种繁育** 加入 WTO 后，对养貉业提出了新的挑战和商机。为占领国际市场，必须生产高标准、高质量的产品。结合目前市场中出现的彩貉和大型貉，建议杂交育种和纯种选育相结合，培育出体质疏松、体型粗犷、颜色多样的种貉，提高其皮张延伸率和毛皮质量。同时要将育种工作和改善饲养管理条件结合起来，将大型养貉场专业性育种和小型养殖场的选育工作结合起来，建立品种档案和系谱资料库，通过科学育种，组建育种核心群。建立全国性的良种繁育基地，通过引进和培育优良品种，尽快调整品种结构，提高种群质量，培育出适合国情、场情的优良新品种，同时应制定统一种兽标准和质量认证体系。

3. **科学配制饲料** 目前貉的饲养方式为人工笼养，貉生命活动、生长发育、繁育后代、被毛脱换等所需的营养物质，只能从人工供给的饲料中获

取，因此必须根据动物不同生物学时期的生理特点和营养需要科学配制日粮，保证动物的营养需要。依照科学方法配制貂的饲料，不但可以达到营养的全面性，促进貂的生长，也可以降低养殖成本。蛋白质、脂肪、碳水化合物三大营养物质的比例必须合理，传统的高蛋白、低脂肪的饲料配比是不完全科学的，特别是泌乳期、育成期和换毛期，现有的饲料配方要进一步加以改进。饲料的品质要新鲜，品种要稳定，营养要丰富，适口性要好，饲喂制度和饲喂方法要科学合理，饲料量要准确。要保证常年供给充足清洁的饮水，要特别注意各种维生素和微量元素的供给，并尽量做到逐头喂饲；从配种开始到产仔结束，绝不允许采食变质或不新鲜的饲料。

4. 重视技术培训　貂养殖是一项科技含量很高的事业，要搞好这项生产并取得良好的经济效益，首先要从提高从业人员的素质入手。由于我国貂养殖规模小且分散，绝大部分貂养殖场的管理人员、技术人员和饲养人员文化程度都偏低，而且缺乏饲养专业知识和专业技能，导致企业的生产经营管理工作比较盲目和混乱，各项管理工作不专业、不科学、不规范，企业的生产水平、产品质量、经济效益没有保障。养殖人员的养殖技术水平直接影响到养殖户的利益和我国貂养殖业的发展。要引导饲养人员通过自学和参加各种形式的技术培训去掌握必要的专业技术知识，并结合养殖人员之间经验交流的方式来推广先进经验，提高从业人员的专业技能和自身素质。要通过生产实践和经验交流，逐步积累生产实践经验。要及时了解和掌握本行业最先进的生产技术和管理方法，应用到本场的生产实践中，为企业的生产管理增添生机和活力。

5. 加强卫生防疫　卫生防疫是发展养殖业的一个根本保证，是养殖业的生命线，要高度重视和加强养貂场卫生防疫标准体系的建设。搞好卫生防疫疾病防治技术主要包括饲料、饲养用具、周边环境卫生，以及重大疾病的检验、检疫和疫苗接种，普通疾病的预防和治疗，目的是为了控制疾病、提高健康水平和成活率。加强饲养管理，兽群的健康才可以得到保证，就能有力抗拒一些疾病的侵害，收到事半功倍的防病效果。具体做法是：对有疫苗的传染性疾病，主要采取免疫接种的方法加以控制；对无疫苗的传染病，主要采取血检淘汰的方法加以控制；对普通疾病主要采取加强饲养管理，保证兽群健康，提前预防投药和临床治疗等综合办法加以控制。另外，搞好场区、笼舍、用具及饲料和加工设备的卫生，保证兽群健康，为兽群提供一个舒适的生存环境和科学的饲养管理条件。

6. 关注动物福利　动物福利不但对提高貉的毛皮质量有重要作用，也对和谐社会的建设和养殖业的长远可持续发展有重要意义。貉的动物福利体系建设是一个长期、复杂的过程。受到我国养殖文化的影响，很多养殖户对善待动物和提高动物福利的观念意识比较淡薄，在动物的处死方法上存在着一些不人道、不安全的行为；有关管理部门对貉的动物福利建设的工作方法还需要改进，要加大宣传和指导，采取相应的奖罚措施。貉动物福利体系的建设将为我国貉养殖业的发展创造一个良好的国际形象，从而减少贸易壁垒带来的损失。

7. 规范养殖秩序　当貉皮张供不应求时，养殖场一哄而起，全力扩大种群数量；当出现供大于求时，多数养殖场几乎没有任何抵抗风险的能力，于是又一哄而散。这种无秩序的养殖行为，不但对养殖户造成了巨大损失，也对养貉业的发展带来了十分不利的影响。有关部门要采取有力措施，不能任我国养貉业自由发展。在我国目前的养殖环境里，要通过养殖户自己调节行业发展是根本不可能办到的。

应引进养殖业发达国家的先进行业管理模式和管理经验，建立行业协会组织，加强行业自律，规范行业行为，积极扩大科学养殖技术的宣传，向养殖户积极介绍国内外的养殖动态，和养殖户密切联系起来，提高行业的凝聚力和战斗力，促进产业规范健康发展。我国貉养殖业应有一个整体的规划和统一布局，在毛皮动物产业发展这个大局下，必须形成全国一盘棋的局面，以利于抗拒市场风险，参与国际市场竞争。

8. 建立国际拍卖行　毛皮拍卖行有利于形成公平、公开、公正的市场竞争环境，有利于指导养殖户及时调制养殖结构，有利于降低交易成本和交易风险，有利于实现专业化、规模化、标准化饲养，有利于及时掌握市场的供求信息，有利于提高皮张竞争力。世界上许多养殖业发达国家都有自己的毛皮拍卖行，例如芬兰的赫尔辛基拍卖行、丹麦的哥本哈根毛皮拍卖中心，我国作为世界上毛皮皮张产量最大的国家，至今没有一家有影响力的拍卖行，这对于我国养殖业来说是一个很大的遗憾。

参 考 文 献

白秀娟，2007. 养貉手册［M］. 北京：中国农业大学出版社.

陈甫，2009. 狐貉疾病诊疗与处方手册［M］. 北京：化学工业出版社.

陈之果，刘继忠，2007. 图说高效养貉关键技术［M］. 北京：金盾出版社.

陈宗刚，金春光，2011. 貉养殖与繁育实用技术［M］. 北京：科学技术文献出版社.

谷子林，王立泽，2009. 实用毛皮动物养殖技术［M］. 北京：金盾出版社.

顾绍发，顾艳秋，2008. 乌苏里貉四季养殖新技术［M］. 北京：金盾出版社.

国家畜禽遗传资源委员会，2012. 中国畜禽遗传资源志·特种畜禽志［M］. 北京：中国农业出版社.

华盛，林喜波，2008. 怎样提高养貉效益［M］. 北京：金盾出版社.

华树芳，2009. 貉标准化生产技术［M］. 北京：金盾出版社.

李光玉，杨福合，2006. 狐 貉 貂养殖新技术［M］. 北京：中国农业科学技术出版社.

李光玉，杨福合，2008. 怎样办好家庭养貉场［M］. 北京：科学技术文献出版社.

李光玉，杨艳玲，2015. 如何办个赚钱的貉家庭养殖场［M］. 北京：中国农业科学技术出版社.

李顺才，冯敏山，杜利强，2016. 貉养殖与疾病防治技术［M］. 北京：中国农业大学出版社.

李文立，2018. 貉高效养殖关键技术［M］. 北京：中国农业出版社.

刘鼎新，刘长明，2008. 毛皮兽疾病防治［M］. 北京：金盾出版社.

刘吉山，姚春阳，李富金，2017. 毛皮动物疾病防治实用技术［M］. 北京：中国科学技术出版社.

刘晓颖，陈立志，2010. 貉的饲养与疾病防治［M］. 北京：中国农业出版社.

刘晓颖，李光玉，2011. 貉高效养殖新技术［M］. 北京：中国农业出版社.

刘云鹏，2010. 高效新法养貉［M］. 北京：科学技术文献出版社.

马泽芳，崔凯，高志光，2013. 毛皮动物饲养与疾病防制［M］. 北京：金盾出版社.

马泽芳，崔凯，2014. 貂狐貉实用养殖技术［M］. 北京：中国农业出版社.

马泽芳，崔凯，2018. 毛皮动物养殖实用技术［M］. 北京：中国科学技术出版社.

农业部农民科技教育培训中心，中央农业广播电视学校，2007. 水貂 狐 貉饲养和疾病防治实用技术［M］. 北京：中国农业科学技术出版社.

钱爱东，2009. 兽医全攻略：毛皮动物疾病［M］. 北京：中国农业出版社.

仇学军，2004. 实用养貉技术［M］. 北京：金盾出版社.

任东波，王艳国，2006. 实用养貉技术大全［M］. 北京：中国农业出版社.

佟煜人，钱国成，1990. 中国毛皮兽饲养技术大全［M］. 北京：中国农业科技出版社.

佟煜仁，张志明，2009. 图说毛皮动物毛色遗传及繁育新技术［M］. 北京：金盾出版社.

王春璩，2008. 毛皮动物疾病诊断与防治原色图谱［M］. 北京：金盾出版社.

王开，裴志花，2010. 貂狐貉病/动物疾病防治图谱［M］. 长春：吉林出版集团有限责任公司.

向前，2005. 图文精解养貉技术［M］. 郑州：中原农民出版社.

向前，2015. 貉养殖关键技术［M］. 郑州：中原农民出版社.

谢之景，马泽芳，2019. 毛皮动物疾病诊疗图谱［M］. 北京：中国农业出版社.

闫新华，1970. 毛皮动物疾病诊疗原色图谱［M］. 北京：中国农业出版社.

易立，程世鹏，2016. 图说毛皮动物疾病诊治［M］. 北京：机械工业出版社.

张宗才，王亚楠，2019. 毛皮工艺学［M］. 北京：中国轻工业出版社.

赵家平，徐超，2018. 养貉技术简单学［M］. 北京：中国农业科学技术出版社.

赵伟刚，赵家平，2017. 高效养貉［M］. 北京：机械工业出版社.

赵喜伦，2006. 养貉致富八讲［M］. 北京：中国农业大学出版社.

附　　录

我国现行与貉相关的标准

《生貉子皮检验方法》（GB/T 9703—2009）

《貉皮》（GB/T 14788—2018）

《乌苏里貉原绒》（GH/T 1083—2012）

《野生动物饲养管理技术规程　貉》（LY/T 2197—2013）

《貂狐貉繁育利用规范》（LY/T 2689—2016）

《动物毛皮检验技术规范》（NY/T 1173—2006）

《北极狐皮、水貂皮、貉皮、獭兔皮鉴别 显微镜法》（NY/T 3047—2016）

《毛皮验收、标志、包装、运输和贮存》（QB/T 1262—2012）

《毛皮缺陷的测量和计算》（QB/T 1263—2012）

《貉子毛皮》（QB/T 4366—2012）

《出口细尾把毛检验方法》（SN 0080—1992）

《进出境小动物现场检疫监管规程》（SN/T 2365—2009）

《貉饲养场建设技术规范》（DB13/T 1186—2010）

《貉子绒形态鉴别与平均直径、手排长度、短纤维率的测定》（DB13/T 1352—2010）

《貉疫病防制技术规程》（DB13/T 2203—2015）

《狐、貉屠宰检疫技术规程》（DB13/T 2204—2015）

《乌苏里貉选种技术规程》（DB13/T 2622—2017）

《貂绒、兔绒、狐狸绒、貉子绒鉴别方法》（DB14/T 1112—2016）

《狐狸貉貂屠宰检疫规程》（DB21/T 2038—2012）

《貉生产性能测定技术规范》（DB22/T 2553—2016）

《貉人工授精技术操作规程》（DB22/T 2554—2016）

《乌苏里貉种貉》（DB22/T 2555—2016）